贵州理工学院学术新苗培养及探索创新项目（GZLGXM-06）
贵州理工学院高层次人才科研启动经费项目

聚丙烯中空纤维膜的制备及应用

罗大军／著

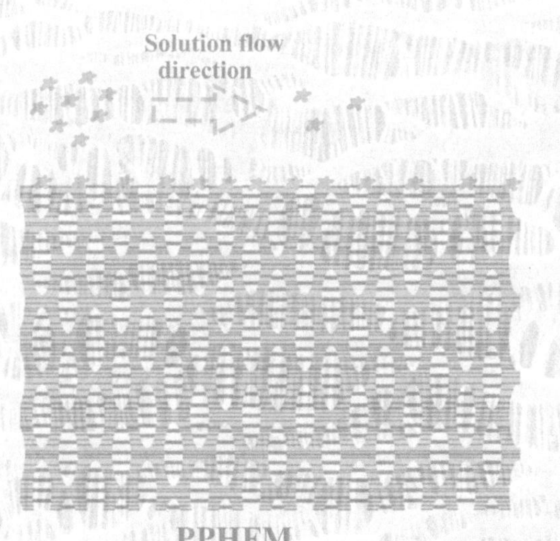

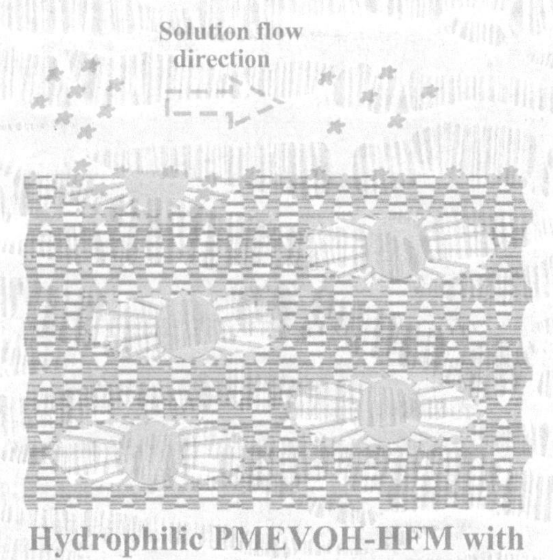

中国矿业大学出版社
·徐州·

内容简介

膜分离技术以高分子功能膜为代表，是近几十年来发展起来的一门新兴多学科交叉的高新技术，具有设备简单、操作简便和绿色环保等优点。其中，聚丙烯中空纤维膜(Polypropylene Hollow Fiber Membrane，PPHFM)因具有抗冲击、耐腐蚀、单位膜面积大和分离效率高等优点可应用在水处理、膜蒸馏、气体分离及生物医药等领域。为了使读者全面地了解和掌握PPHFM的制备、改性、结构设计、应用和发展趋势，本书将讲述PPHFM的制备方法、PPHFM的亲水改性技术、PPHFM新结构的设计以及PPHFM的应用。同时，本书还将重点介绍不同冷却方式对PPHFM结构与性能的影响、聚乙烯醇缩丁醛亲水改性PPHFM、双微孔亲水聚丙烯基中空纤维膜以及PPHFM基智能相变纤维。

本书可作为材料科学与工程和高分子材料与工程等专业教学参考书，也适于科技工作者阅读。

图书在版编目(CIP)数据

聚丙烯中空纤维膜的制备及应用 / 罗大军著. 一 徐州 ：中国矿业大学出版社，2020.12

ISBN 978-7-5646-4936-4

Ⅰ. ①聚… Ⅱ. ①罗… Ⅲ. ①聚丙烯纤维一薄膜一制备一研究 Ⅳ. ①TQ342

中国版本图书馆CIP数据核字(2020)第270691号

书　　名　聚丙烯中空纤维膜的制备及应用
著　　者　罗大军
责任编辑　于世连
出版发行　中国矿业大学出版社有限责任公司
(江苏省徐州市解放南路　邮编 221008)
营销热线　(0516)83884103　83885105
出版服务　(0516)83995789　83884920
网　　址　http://www.cumtp.com　**E-mail**:cumtpvip@cumtp.com
印　　刷　苏州市古得堡数码印刷有限公司
开　　本　787 mm×1092 mm　1/16　**印张** 8.5　**字数** 217 千字
版次印次　2020年12月第1版　2020年12月第1次印刷
定　　价　45.00元

前　言

膜分离技术，以高分子功能膜为代表，是近几十年来发展起来的一门新兴多学科交叉的高新技术，具有设备简单、操作简便和绿色环保等优点，已广泛地应用于石油化工、电子电力、食品加工、污水处理、海水淡化、生物医药等领域。聚丙烯中空纤维膜(PPHFM)具有抗冲击、耐腐蚀、单位膜面积大和分离效率高等优点，可应用在水处理、膜蒸馏、气体分离及生物医药等领域。PPHFM常用两种方法制备：热致相分离法(Thermally Induced Phase Separation, TIPS)和熔融纺丝-拉伸法(Melt Spinning-Stretching,MS-S)。由于MS-S为聚合物本体挤出，无须长时间配料熔料，制备过程不需要添加试剂，具有成本低廉、生产效率高、对环境无污染等优点。相对TIPS制备的PPHFM,MS-S制备的PPHFM具有更高的拉伸强度，因此更受青睐。然而，MS-S制备的PPHFM具有孔结构单一、片晶簇叠加的缺点，同时聚丙烯(PP)疏水性导致膜孔隙率较低和亲水性差，使PPHFM在水处理领域或水溶液分离时存在水通量低和抗污染性能差等问题。

本书介绍了PPHFM的制备方法、MS-S制备PPHFM的各项工艺对膜结构与性能的影响、PPHFM亲水改性方法以及PPHFM的各项应用等。本书内容翔实，所介绍技术实效性强，对推动我国膜分离技术的发展具有较高的推动作用。

由于笔者水平所限，书中难免存在疏漏和不当之处，敬请读者批评指正。

作　者

2020年10月

目　录

第一章　聚丙烯中空纤维膜概述

全球经济和科技的迅速发展极大地改善了人类生活方式，但人们在享受便利生活的同时面临着诸多问题，如人口增长、资源短缺和环境恶化等。其中水资源问题已经成为世界性难题。就我国而言，约有1.61亿人饮用有机物污染的水。工业废水及污水每年以18亿立方米的速度递增，导致我国约1/3的河段受到不同程度污染[1]。因此我国乃至世界上许多国家都开始采取相应解决措施。目前针对水资源问题主要有三个关键性解决原则：治污为本、多渠道开源和节约意识。发展水处理技术是前两者的主要体现，包括发展污水处理技术和海水淡化技术。污水处理的核心技术是膜分离技术。据中国膜工业协会统计，目前分离膜在水处理方面的应用约占分离膜国内市场的85%。我国“十三五”规划中明确提出，我国膜工业发展的目标是每年增长率达到或超过20%，这将有力地推动我国生态文明的建设。

膜分离技术，是近几十年来发展起来的一门新兴多学科交叉的高新技术，具有设备简单、操作简便和绿色环保等优点，已广泛地应用于石油化工、电子电力、食品加工、污水处理、海水淡化、生物医药等领域[2]。根据膜孔孔径大小，分离膜分为微滤膜（MF）、超滤膜（UF）、纳滤膜（NF）和反渗透膜（RO），详见表1-1。其中微滤膜的应用最为广泛，已应用于化工、冶金、食品、医药、生化和水处理等[3]。根据膜的结构，将膜分为平板膜、管状膜、卷式膜和中空纤维膜。其中中空纤维膜是外表像纤维，具有自支撑结构的一种分离膜。中空纤维膜技术具有能耗小、装置体积小和效益高等优点而成为水处理领域最受关注的核心技术[4]。在众多的微滤中空纤维膜中，以聚丙烯（PP）为原材料的PPHFM因具有良好的热稳定性、耐腐蚀性、力学性能和低成本等优点而成为膜分离领域最常见的一种微滤膜。但PPHFM的结构缺陷及疏水性问题，导致在水处理过程中或水溶液分离中水通量较小且易被污染[5]。PPHFM的结构设计和亲水改性是提高PPHFM水通量的重要方法，成为大家关注的热点。

表1-1　根据膜孔径大小分离膜分类

类型	孔径范围	截留组分
微滤膜（MF）	0.1～10 μm	颗粒、细菌、酵母和血细胞及以上
超滤膜（UF）	0.01～0.1 μm	胶体、病毒及以上
纳滤膜（NF）	1～10 nm	颜色、硬度和有机化合物及以上
反渗透膜（RO）	＜1 nm	盐类及以上

第一节　聚丙烯中空纤维膜及其制备方法

一、聚丙烯中空纤维膜

PPHFM是以PP为原材料，具有抗冲击、耐腐蚀、单位膜面积大和分离效率高等优点，广泛应用在水处理、膜蒸馏、气体分离及生物医药等领域[6-9]。通过不同的制备方法，既可以得到具有皮层异构的膜结构，又可以得到各向同性的膜结构。在众多的PP原料中，等规聚丙烯(iPP)是一种半结晶性聚合物，具有较高的强度和耐腐蚀性，并且价格便宜、无毒，因此广泛用于生产PP微孔膜。iPP玻璃化转变温度(T_g)约为－10 ℃，熔点(T_m)为151～166 ℃，热分解温度高于240 ℃[10]。采用iPP作为原材料制备PPHFM常用两种方法包括TIPS和MS-S。

二、热致相分离法

TIPS是指将聚合物与一些高沸点的小分子化合物(也称为稀释剂)在高温下(一般高于结晶聚合物的熔点)形成均相液态，在降低温度过程中，成膜体系发生固-液或液-液相分离，通过萃取等方式脱除稀释剂得到具有微孔结构的聚合物微孔膜制备方法[11-12]。TIPS是20世纪80年代以后发展起来的一种聚合物微孔膜制备技术，可用于制备PP、聚偏氟乙烯(PVDF)、聚乙烯(PE)、乙烯-乙烯醇共聚物(EVOH)等中空纤维膜[13-16]。TIPS制备PPHFM工艺流程如图1-1所示。其基本步骤主要是：① 聚合物-稀释剂均相溶液的制备；② 溶液通过一定的成型过程得到所需的中空纤维膜结构；③ 溶液在冷却过程中发生相分离并固化；④ 稀释剂脱除，最终得到多孔膜；⑤ 多孔膜的后续热处理以及其他处理。

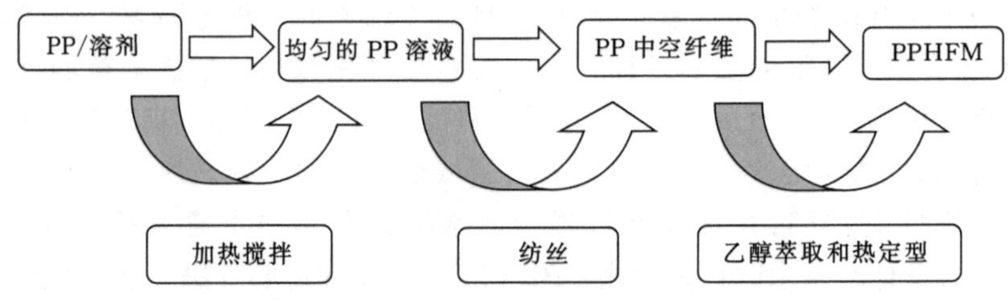

图1-1　TIPS制备PPHFM工艺流程

由聚合物-稀释剂二元体系的平衡相图可知，溶液在降温时可以发生固-液相(S-L相)分离，也可以发生液-液相(L-L相)分离。对聚丙烯-稀释剂体系来说，其具体的成膜机理主要包括：成核-生长机理和旋节分离机理。

(1) 成核-生长机理

成核-生长机理是指当外界条件(如温度、压力等)的变化使系统中某一相处于亚稳态，它便出现了转变为一个或几个较为稳定的新相倾向，以使体系自由能降低。只要相变的驱动力足够大，这种相变就将借助于小范围内程度足够大的涨落而开始。在适当的条件下，就会形成晶核并进一步长大。TIPS过程中的S-L相分离或在双节线与旋节线之间的亚稳区发生的L-L相分离均可由成核-生长机理来解释。

先讨论双节线与旋节线之间的亚稳区发生的 S-L 相分离。如图 1-2 所示，当聚丙烯-稀释剂体系被加热到以 x 点所代表的温度时，形成组成为 φ_x 的均相溶液。在慢速冷却时，开始溶液组成不变，温度逐渐降低，直至与双节线线相交，随后进入亚稳区。在亚稳区域内，当某处浓度波动足够大时，体系发生相分离生成贫聚合物相，总的自由能下降。随着冷却的进行，温度继续降低，由于稀释剂的扩散，贫聚合物相不断长大成液滴，其组成沿 L_x 而变化。同时，周围的富聚合物相沿 R_x 而变化。以这种方式，体系逐渐分成 L-L 两相，在连续的富聚合物相中分散着大量的贫聚合物相液滴。当温度降至 L-L 相分离区以下时，体系中有晶体生成，发生 S-L 相分离。此时，富聚合物相中的 iPP 结晶形成球晶，而贫聚合物相液滴被包裹在 iPP 球晶内或被排挤在球晶间。萃取出稀释剂后，形成蜂窝状结构。

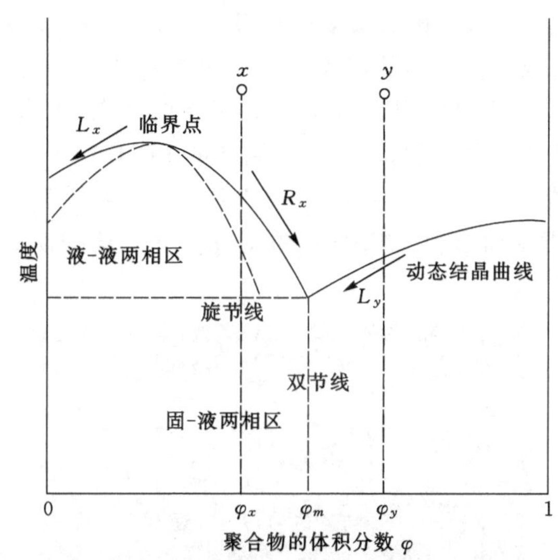

L_x—L-L 相分离时贫聚合物相组成变化线；R_x—L-L 相分离时富聚合物相组成变化线；
L_y—S-L 相分离时液相组成变化线；φ_m—偏晶点。

图 1-2　聚合物-稀释剂体系的 L-L 和 S-L 相分离的平衡相图

如图 1-2 所示，当聚丙烯-稀释剂体系被加热到 y 点所代表的温度时，形成组成为 φ_y 的均相溶液。随着温度的降低，热能被移走，体系发生 S-L 相分离，形成以 L_y 所代表的液相和纯聚丙烯相。随着温度的进一步降低，新形成的液相沿结晶线发生 S-L 相分离直至偏晶点 φ_m。此后，纯聚丙烯相的组成不变，但是量不断增加。在此过程中，由于初始的多相成核过程，先形成富聚合物相的晶核，然后开始纯聚丙烯的结晶过程，形成纯聚丙烯晶核，并不断长大，形成片晶，片晶与片晶聚集形成球晶。在低于偏晶点的温度下，剩余的溶液相发生如前面所描述的 S-L 相分离。稀释剂被截留在片晶和球晶间，萃取出稀释剂后形成球晶内部孔和球晶缝隙孔。

(2) 旋节分离机理

如图 1-2 所示，在旋节线内，体系要发生旋节分解，在此区域内，体系处于不稳定态，程度小、范围广的起伏将导致均相相变。当聚丙烯-稀释剂体系被加热到 x 点所代表的温度时，形成组成为 φ_x 的均相溶液。通过迅速冷却，溶液穿过双节线和旋节线直接进入不稳定区。在此区域内，体系自发的分解为微小的、相互连接的组成为 φ_{b1} 的贫聚合物相和组成为

φ_{b2}的富聚合物相。此过程不需要晶核的形成，并且新相的尺寸基本上相同。当淬冷温度低于 iPP 的结晶温度时，L-L 相分离中伴随着 iPP 的结晶，此结晶主要发生在富聚合物相上。iPP 结晶形成球晶。由于旋节分解生成的两相细小且相互连接，贫聚合物相主要被截留于球晶内。萃取出稀释剂后通常形成花边状结构。

（3）影响膜结构及性能的主要因素

TIPS 的组分配比和具体工艺参数，如初始聚合物/稀释剂体系中的聚合物类型和浓度、聚合物分子量、稀释剂类型、成核剂、冷却速率、淬火条件和干燥过程等，都会影响 PPHFM 的结构、形貌和性能[17-18]。其中稀释剂决定了聚合物与相分离机制的相互作用，影响到 PPHFM 的结构与性能，因此稀释剂的选取成为最重要的因素[19-21]。TIPS 制备 PPHFM 有以下几个优点[22]：① 膜结构多样性及可控性，可通过稀释剂、固含量、冷却浴以及气隙长度等工艺实现微孔结构的调控[23]；② 重复性和稳定性较好；③ 膜孔径调控范围较宽（0.01～10 mm）。TIPS 制备 PPHFM 存在以下的缺点：① 溶剂污染；② 成本高昂；③ 膜力学强度较差；④ 皮层结构较厚。TIPS 制备的 PPHFM 具有梯度孔结构，外表面存在一定厚度的皮层结构。皮层具有良好的截留效果，但降低膜水通量。图 1-3 所示为 TIPS 制备 PPHFM 的横截面形貌。TIPS 制备 PPHFM 的这些缺点成为让更经济环保的 MS-S 更受欢迎的原因[24]。

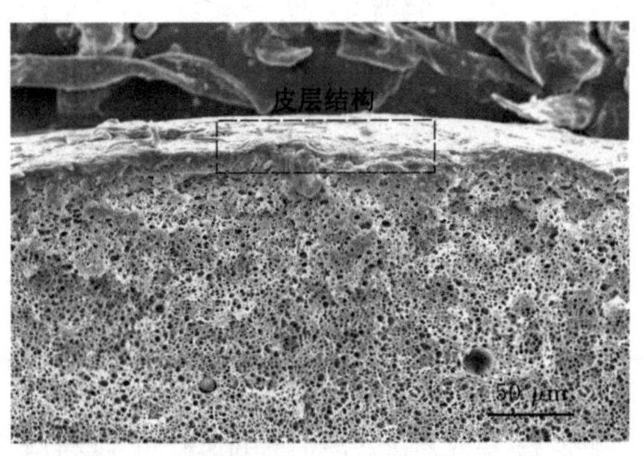

图 1-3　TIPS 制备 PPHFM 横截面形貌

三、熔融纺丝-拉伸法

MS-S 是指将聚合物在高应力下熔融纺丝，在拉伸过程中聚合物材料沿垂直于挤出方向平行排列的片晶结构被拉开形成微孔，通过热定型工艺使孔结构得以固定的制膜技术[25]。自 1977 年日本三菱造丝公司首次通过 MS-S 制备 PPHFM 以来，该方法一直备受关注。目前使用 MS-S 制备中空纤维膜一般选用 PP 和 PE 等具有较高等规度的半结晶性聚合物作为原材料[26-27]，也有选用 4-甲基-1-戊烯（PMP）和 PVDF 作为原材料制备中空纤维膜[28-29]。MS-S 制备 PPHFM 工艺流程如图 1-4 所示[30]，其共分为四个步骤：熔融纺制原丝、热处理、拉伸致孔和热定型。

采用 MS-S 制备的 PPHFM 结构和形貌特点为：膜内外表面孔均为撕裂状孔结构，没有皮层结构存在，孔结构单一。MS-S 制备 PPHFM 表面形貌如图 1-5 所示。由于 MS-S 法为聚合物本体挤出，无需长时间配料熔料，制备过程无需添加试剂，具有成本低廉、生产效率高、环境无污染等优点。相对 TIPS 法制备的 PPHFM，MS-S 法制备的 PPHFM 具有更高

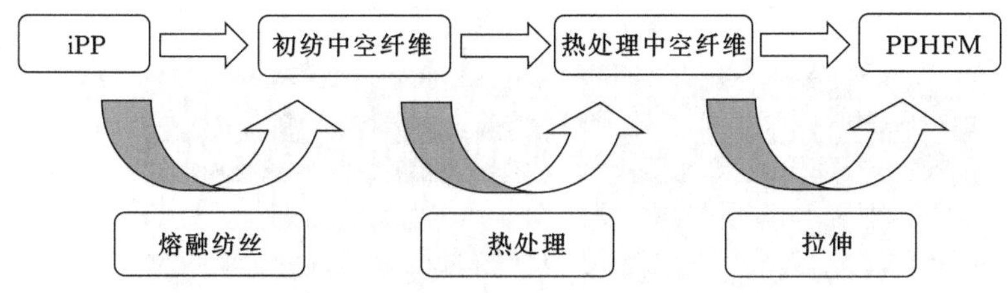

图 1-4　MS-S 制备中空纤维膜步工艺流程

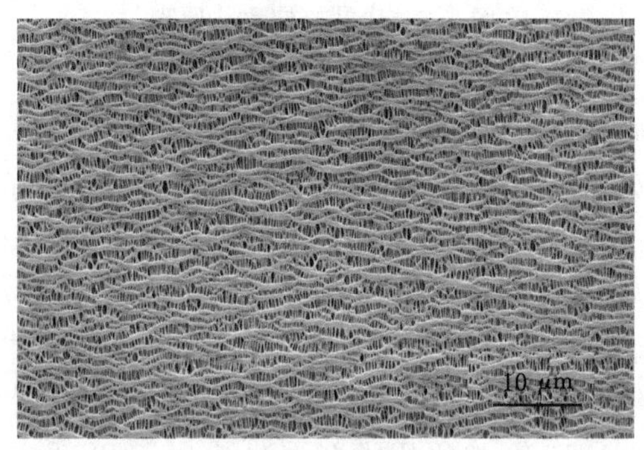

图 1-5　MS-S 制备 PPHFM 表面形貌

的拉伸强度，因此也更受青睐。

第二节　熔融纺丝-拉伸法制备聚丙烯中空纤维膜

一、MS-S 成膜原理

PP 中空纤维能够拉伸成高性能的 PPHFM 都源于它具备了其他材料都没有的特殊硬弹性。硬弹性材料是指结晶性聚合物[如 PP、PE 和尼龙(PA)等]在特定加工条件下形成的一种具有高弹性、高模量、突出的低温弹性和拉伸时能形成微孔等特性的一种弹性体。1966 年，美国杜邦公司的 Herrman 首次报道了硬弹性聚丙烯(HEPP)纤维及其制备工艺，提出了 PP 的硬弹性主要是由高度取向的片晶结构引起的[31]。硬弹性材料具备以下几个特性：① 良好的超低温硬弹性。PP 硬弹性纤维在 −190 ℃时仍具有 68% 的弹性回复率[32]。② 良好的力学性能。硬弹性材料拉伸模量高，具备重复拉伸性能、固定伸长循环拉伸性能[33]。③ 能弹性。硬弹性材料的弹性主要是源于形变时材料内部能量的变化，称为“能弹性”[34]。Goritz 等[35]用量热法仔细地测定了拉伸过程中的热效应，计算发现硬弹性聚丙烯(HEPP)材料在拉伸时内能在不断地增加。硬弹性的产生主要是由高取向的片晶结构引起的[32]，也正是由于这些取向的片晶结构才能得到微孔和微纤。纤维拉伸前，片晶成层状排列，片晶间存在过渡区和非晶区。纤维在拉伸时，内部片晶结构将发生弯曲和剪切弹性形变，片晶被拉开，形成微孔[36]，片晶间的过渡区和非晶区则形成微纤维。片晶拉伸致孔原理如图 1-6 所示。通常这种致孔机理形成的微孔孔径范围为 0.02～0.73 μm[37]。

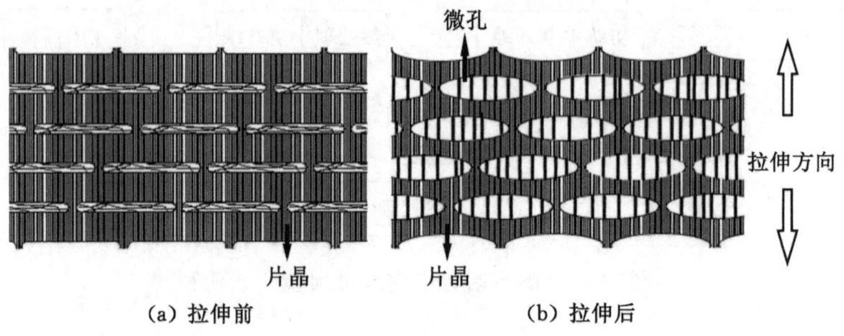

图 1-6　片晶拉伸致孔原理

目前主流的 MS-S 制膜机理为硬弹性中空纤维在拉伸过程中，取向的片晶分离形成微孔和微纤。但其存在另外一种致孔机理——相分离致孔。这种致孔机理不需要以取向的片晶结构为先决条件。相分离致孔是指在制膜基材中加入第二相不相容聚合物，由于体系不相容形成 Sea-Island 结构，纺丝后直接拉伸致两相界面分离形成较大孔径的界面孔来制备微孔膜的方法。相分离致孔原理如图 1-7 所示。Mei 等在 PP 基体中加入大剂量不相容第二相形成 Sea-Island 结构，纺丝后在冷拉过程中两相分离形成孔径大于 3 μm 的界面孔，并分析了相分离致孔原理[38]。Li 等[39]采用类似方法结合 TIPS 和拉伸实现了具有多级孔结构 UHMWPE/PVDF/SiO_2 中空纤维膜的制备，并通过有限元计算和物理模型假设详细介绍了聚合物/聚合物相分离机理与聚合物/无机颗粒分离机理，为微孔膜的形成提供了新的机理；这种机理能够有效得到孔径较大的微孔结构，大孔径微孔可以有效提高膜贯通性和孔隙率，但有可能会降低膜截留能力。值得一提的是，Feng 等[40]通过添加 PP-g-MAH 增容 PP/尼龙 6 共混物，实现两相界面增容，通过双轴拉伸实现微孔膜的制备；其研究发现：当 PP/尼龙 6/PP-g-MAH为 30/55/15 时，可得到均一的贯通孔结构，膜孔径为 100 nm 左右，膜孔隙率为 52%。由此可以看出，通过增加体系相容性可以得到孔径均一的小孔径微孔，这为通过改善体系相容性来调控微孔孔径提供了理论依据。

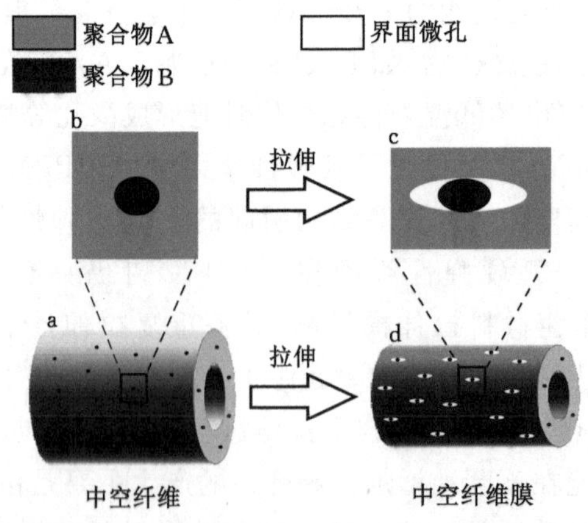

图 1-7　相分离致孔原理

二、聚丙烯中空纤维膜存在的问题

(1) 孔隙率低

尽管 MS-S 相对 TIPS 更受欢迎，但 MS-S 制备的 PPHFM 仍存在一个严重的不足：孔隙率低[22]。MS-S 是在拉伸过程中通过分离取向片晶形成微孔和微纤，贯通的微孔和微纤维组成了 PPHFM 整体的三维多孔结构。在拉伸过程中，PPHFM 膜壁内仍然还有许多无法分离的片晶簇。从图 1-8 所示 MS-S 制备的 PPHFM 纵截面可以明显看出：由于沿拉伸方向存在大量未分离的平行排列片晶簇，这些片晶簇相互叠加的地方阻断了膜孔的贯通。因此未分离的片晶簇及其叠加导致 MS-S 制备的 PPHFM 孔隙率较低。而低的孔隙率通常对应着低的纯水通量。目前，可以通过制膜工艺（如纺丝工艺、热处理工艺及拉伸工艺）优化膜结构来提高膜孔隙率。据报道，已商业化的 PPHFM 孔隙率普遍在 40%～60%之间[32,41-48]，仍处于较低水平。膜孔隙率的提高伴随着孔径的增加，孔径增加虽能提高 PPHFM 水通量，但会降低膜截留性能，这是绝大多数膜存在的共同问题。为了实现 MS-S 制备的 PPHFM 水通量提高的同时仍具有较好的截留性能，急需一种新膜结构、方法和理论来制备具有高孔隙率、高通量和高分离效率的 PPHFM。

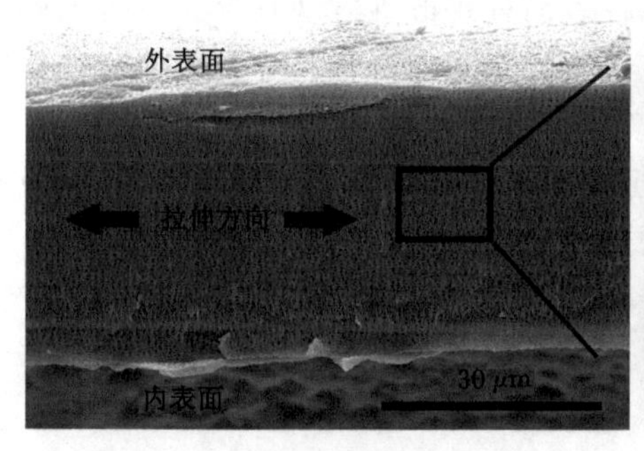

(a) 5 000×　　(b) 20 000×

图 1-8　拉伸 200%的 MS-S 制备的 PPHFM 纵截面

(2) 亲水性差

PP 材料是一种疏水性材料。PP 表面没有极性基团，表面能很小，临界表面张力只有 $(31\sim34)\times10^{-5}$ N/cm，所以表面的润湿性和亲水性降低[49]。MS-S 制备的 PPHFM 本质上也具备疏水性，其接触角为 100°～127°[44,50-51]。疏水性可以使 PPHFM 应用于膜蒸馏过程，但 PPHFM 在应用于水溶液体系分离时，疏水性导致膜水通量较低。PPHFM 膜表面和溶质之间存在憎水作用而出现膜污染现象。需要提高压力和定期清洗 PPHFM 才能使膜组件正常运行，这不仅增加了成本，还降低了生产效率。由于疏水性大大地限制 PPHFM 在水溶液体系分离应用中的扩大使用，因此能够提高 PPHFM 水通量和耐污染性能的亲水化改性技术成为研究的热点之一。

三、聚丙烯中空纤维膜微结构调控简介

MS-S 制备 PPHFM 主要包括三个流程：① 通过应力诱导结晶制备具有平行片晶晶核结构的初纺中空纤维；② 在适当的温度下对初纺中空纤维进行热处理，使其片晶结构更加

完善；③ 热处理后的中空纤维在室温下冷拉形成微孔，在高温下热拉扩孔，最终进行热定型防止膜孔闭合收缩[30]。熔融纺丝和热处理步骤决定了中空纤维片晶结构好坏。拉伸过程是微孔形成与扩大的过程。各工艺条件均会对膜结构（孔径和孔隙率）产生较大的影响，而膜结构直接决定了膜性能。聚合物变量和采用的挤出条件（熔体拉伸比、纺丝温度和冷却条件）是影响初纺中空纤维结晶度和取向的关键因素。热处理也是影响 PPHFM 结构与性能的重要因素之一，包含三个主要因素：热处理温度、热处理时间以及是否施加应力。拉伸过程是使中空纤维中平行排列的层状片晶结构沿拉伸方向分离形成微孔和微纤的过程，是制备 PPHFM 过程中最重要的步骤。这一过程中冷拉比例、热拉比例、热拉温度、拉伸速率、热定型温度及时间都会影响 PPHFM 膜结构与性能。通过调控纺丝工艺、热处理工艺和拉伸工艺对 PPHFM 膜结构与性能进行调控。

四、聚丙烯中空纤维膜亲水改性简介

亲水化改性是提高 PPHFM 水通量和耐污染性能的重要方法。PPHFM 的亲水改性方法主要分为两大类：制膜过程中改性和 PPHFM 表面改性，其又可分为以下四个方面：表面处理亲水改性、表面接枝聚合亲水改性、物理亲水改性和共混亲水改性。表面处理改性虽然能够在短时间内迅速增加膜的亲水性，但是各种表面处理改性方法均存在一定的弊端。对于表面吸附方法，在使用中亲水剂容易脱落使得膜的亲水性降低。等离子体改性需要较为复杂的仪器。表面包埋以及表面化学改性会产生大量的废液，对环境的影响较大。因此能得到持久的亲水性又对环境无污染的方法则更有前景。对于表面接枝改性而言，虽然能够较为持久性地保持膜的亲水性，但是存在容易堵塞膜孔的问题，这个问题目前还是有待解决。辐照接枝改性、等离子接枝改性还对设备有较严格的要求，设备较为复杂、维护费用较高，对于工业化的生产还不能满足。寻找一种工艺简单、膜通量大、易工业化的亲水性改性方法则是首要的。

共混改性虽然可以赋予膜持久的亲水性以及无污染等优点，但是采用 MS-S 制膜需要保留 PP 优良的结晶性能。通常引入的亲水组分会对 PP 结晶行为造成影响；同时各组分之间的相容性较差，导致膜制备过程困难。共混改性的研究重点就是引入的亲水组分对 PP 相结晶行为有何影响、组分之间的相容性研究与制膜工艺协调性研究。如果引入的亲水组分既能有效促进 PP 相结晶，又能增加组分间相容性，那么共混亲水改性将是一种非常具有前景的方法。

参考文献

[1] 齐奋春，赵月.水污染现状及水环境管理对策研究[J].资源节约与环保，2018(9)：72.

[2] 刘茉娥.膜分离技术[M].北京：化学工业出版社，2000.

[3] 许振良，马炳荣.微滤技术与应用[M].北京：化学工业出版社，2005.

[4] QIN J J，CAO Y M，OO M H.Preparation of poly(ether sulfone) hollow fiber UF membrane for removal of NOM[J].Journal of applied polymer science，2006，99(1)：430-435.

[5] MCDONOGH R M，BAUSER H，STROH N，et al.Concentration polarisation and

adsorption effects in cross-flow ultrafiltration of proteins[J]. Desalination, 1990, 79(2/3):217-231.

[6] YIN J, DENG B L. Polymer-matrix nanocomposite membranes for water treatment [J]. Journal of membrane science, 2015, 479:256-275.

[7] YANG Q, XU Z K, DAI Z W, et al. Surface modification of polypropylene microporous membranes with a novel glycopolymer[J]. Chemistry of materials, 2005, 17(11):3050-3058.

[8] WARSINGER D M, SWAMINATHAN J, GUILLEN-BURRIEZA E, et al. Scaling and fouling in membrane distillation for desalination applications: a review[J]. Desalination, 2015, 356:294-313.

[9] SCHOLES C A, SIMIONI M, QADER A, et al. Membrane gas-solvent contactor trials of CO_2 absorption from syngas[J]. Chemical engineering journal, 2012, 195/196:188-197.

[10] WYPYCH G. Handbook of polymers[M]. Oxford: Elsevier, 2012:487.

[11] ATKINSON P M, LLOYD D R. Anisotropic flat sheet membrane formation via TIPS: thermal effects[J]. Journal of membrane science, 2000, 171(1):1-18.

[12] MATSUYAMA H, YUASA M, KITAMURA Y, et al. Structure control of anisotropic and asymmetric polypropylene membrane prepared by thermally induced phase separation [J]. Journal of membrane science, 2000, 179(1/2):91-100.

[13] MCGUIRE K S, LLOYD D R, LIM G B A. Microporous membrane formation via thermally-induced phase separation. VII. Effect of dilution, cooling rate, and nucleating agent addition on morphology[J]. Journal of membrane science, 1993, 79(1):27-34.

[14] MATSUYAMA H, OKAFUJI H, MAKI T, et al. Preparation of polyethylene hollow fiber membrane via thermally induced phase separation[J]. Journal of membrane science, 2003, 223(1/2):119-126.

[15] SHANG M X, MATSUYAMA H, TERAMOTO M, et al. Preparation and membrane performance of poly(ethylene-co-vinyl alcohol) hollow fiber membrane via thermally induced phase separation[J]. Polymer, 2003, 44(24):7441-7447.

[16] CUI Z Y, XU S S, DING J Y, et al. The effect of diluent mixture with upper critical solution temperature on membrane formation process, microstructure, and performance of PVDF hollow fiber membrane by TIPS process[J]. Polymers, 2018, 10(7):719.

[17] KHAYET M, MATSUURA T. Thermally induced phase separation for MD membrane formation[M]//Membrane distillation. Amsterdam: Elsevier, 2011:89-120.

[18] LIN Y K, CHEN G, YANG J, et al. Formation of isotactic polypropylene membranes with bicontinuous structure and good strength via thermally induced phase separation method[J]. Desalination, 2009, 236(1/2/3):8-15.

[19] YANG Z S, LI P L, CHANG H Y, et al. Effect of diluent on the morphology and performance of IPP hollow fiber microporous membrane via thermally induced phase separation[J]. Chinese journal of chemical engineering, 2006, 14(3):394-397.

[20] KIM J J, HWANG J R, KIM U Y, et al. Operation parameters of melt spinning of

polypropylene hollow fiber membranes[J]. Journal of membrane science, 1995, 108(1/2):25-36.

[21] YANG Z S, LI P L, XIE L X, et al. Preparation of iPP hollow-fiber microporous membranes via thermally induced phase separation with co-solvents of DBP and DOP[J]. Desalination, 2006, 192(1/2/3):168-181.

[22] 张凯舟.聚丙烯中空纤维微滤膜结构调控及亲水化改性研究[D].上海:上海大学，2016.

[23] 杨敬葵，张凯舟，邵会菊，等.稀释剂极性对TIPS法制备聚丙烯中空纤维膜的影响[J].塑料科技，2014，42(6):31-34.

[24] DAI J, LIU X H, YANG J H, et al. Stretching induces pore formation in the β-nucleated polypropylene/graphene oxide composite[J]. Composites science and technology, 2014, 99:59-66.

[25] KIM J J, JANG T S, KWON Y D, et al. Structural study of microporous polypropylene hollow fiber membranes made by the melt-spinning and cold-stretching method[J]. Journal of membrane science, 1994, 93(3):209-215.

[26] SADEGHI F, AJJI A, CARREAU P J. Analysis of microporous membranes obtained from polypropylene films by stretching[J]. Journal of membrane science, 2007, 292(1/2):62-71.

[27] KIM J, KIM S S, PARK M, et al. Effects of precursor properties on the preparation of polyethylene hollow fiber membranes by stretching[J]. Journal of membrane science, 2008, 318(1/2):201-209.

[28] WANG J L, XU Z K, XU Y Y. Preparation of poly(4-methyl-1-pentene) asymmetric or microporous hollow-fiber membranes by melt-spun and cold-stretch method[J]. Journal of applied polymer science, 2006, 100:2131-2141.

[29] DU C H, XU Y Y, ZHU B K. Structure formation and characterization of PVDF hollow fiber membranes by melt-spinning and stretching method[J]. Journal of applied polymer science, 2007, 106:1793-1799.

[30] JOHNSON M B. Investigations of the processing-structure-property relationship of selected semicrystalline polymers[D]. Blacksburg: Virginia Polytechnic Institute and State University, 2000.

[31] HERMANN A J. Fibers[R]. [S.l.: s.n.], 1966.

[32] FRANCO J A, KENTISH S E, PERERA J M, et al. Poly(tetrafluoroethylene) sputtered polypropylene membranes for carbon dioxide separation in membrane gas absorption[J]. Industrial & engineering chemistry research, 2011, 50(3):4011-4020.

[33] NOETHER H D. Crystallization under extreme temperature and pressure gradients[J]. International journal of polymeric materials and polymeric biomaterials, 1979, 7(1/2):57-82.

[34] PARK I K, NOETHER H D. Crystalline “hard” elastic materials[J]. Colloid and polymer science, 1975, 253(10):824-839.

[35] GORITZ D, MULLER F H. Structure and properties of commercial polymer[J]. Colloid and polymer science, 1975, 25(3): 844-864.

[36] GABER C A, CLARK E S. Structure and properties of polypropylene[J]. Journal of macromolecular science-physics, 1970, B4(3): 499-504.

[37] SAFFAR A, CARREAU P J, AJJI A, et al. Influence of stretching on the performance of polypropylene-based microporous membranes [J]. Industrial & engineering chemistry research, 2014, 53(36): 14014-14021.

[38] MEI L, ZHANG D S, WANG Q R. Morphology structure study of polypropylene hollow fiber membrane made by the blend-spinning and cold-stretching method[J]. Journal of applied polymer science, 2002, 84: 1390-1394.

[39] LI N N, XIAO C F, MEI S, et al. The multi-pore-structure of polymer-silicon hollow fiber membranes fabricated via thermally induced phase separation combining with stretching[J]. Desalination, 2011, 274(1/2/3): 284-291.

[40] FENG J X, ZHANG G J, MACINNIS K, et al. Formation of microporous membranes by biaxial orientation of compatibilized PP/Nylon 6 blends[J]. Polymer, 2017, 123: 301-310.

[41] OFFORD G T, ARMSTRONG S R, FREEMAN B D, et al. Porosity enhancement in β nucleated isotactic polypropylene stretched films by thermal annealing [J]. Polymer, 2013, 54(10): 2577-2589.

[42] FRANCO J A, DEMONTIGNY D, KENTISH S E, et al. Effect of amine degradation products on the membrane gas absorption process[J]. Chemical engineering science, 2009, 64(18): 4016-4023.

[43] KHAISRI S, DEMONTIGNY D, TONTIWACHWUTHIKUL P, et al. Comparing membrane resistance and absorption performance of three different membranes in a gas absorption membrane contactor [J]. Separation and purification technology, 2009, 65(3): 290-297.

[44] LIN S H, TUNG K L, CHEN W J, et al. Absorption of carbon dioxide by mixed piperazine-alkanolamine absorbent in a plasma-modified polypropylene hollow fiber contactor[J]. Journal of membrane science, 2009, 333(1/2): 30-37.

[45] BRITO MARTÍNEZ M, JULLOK N, RODRÍGUEZ NEGRÍN Z, et al. Membrane crystallization for the recovery of a pharmaceutical compound from waste streams [J]. Chemical engineering research and design, 2014, 92(2): 264-272.

[46] FRANCO J A, KENTISH S E, PERERA J M, et al. Poly(tetrafluoroethylene) sputtered polypropylene membranes for carbon dioxide separation in membrane gas absorption[J]. Industrial & engineering chemistry research, 2011, 50(3): 4011-4020.

[47] CHARLES N T, JOHNSON D W. The occurrence and characterization of fouling during membrane evaporative cooling [J]. Journal of membrane science, 2008, 319(1/2): 44-53.

[48] JOHNSON D W, YAVUZTURK C, PRUIS J. Analysis of heat and mass transfer

phenomena in hollow fiber membranes used for evaporative cooling[J].Journal of membrane science,2003,227(1/2):159-171.

[49] FAN L H,HARRIS J L,RODDICK F A,et al.Influence of the characteristics of natural organic matter on the fouling of microfiltration membranes[J].Water research,2001,35(18):4455-4463.

[50] TANG N,JIA Q,ZHANG H J,et al.Preparation and morphological characterization of narrow pore size distributed polypropylene hydrophobic membranes for vacuum membrane distillation via thermally induced phase separation[J].Desalination,2010,256(1/2/3):27-36.

[51] FRANCO J A,KENTISH S E,PERERA J M,et al.Fabrication of a superhydrophobic polypropylene membrane by deposition of a porous crystalline polypropylene coating[J].Journal of membrane science,2008,318(1/2):107-113.

第二章 熔融纺丝-拉伸法制备聚丙烯中空纤维膜

MS-S适用于半结晶聚合物，例如PE、PP、PMP和PVDF[1-3]。MS-S制备中空纤维膜的工艺包括以下三个步骤。① 通过应力诱导结晶机理制备具有片晶结构的初纺中空纤维。完善的初纺中空纤维晶体结构是MS-S制备中空纤维膜的第一步关键因素。高性能的中空纤维膜可以通过提高中空纤维结晶度和取向度来获得[4-5]。熔融纺丝工艺决定了初纺中空纤维的原始片晶结构。② 将初纺中空纤维在适当的温度下热处理以完善片晶结构，在热处理过程中片晶内缺陷消失、片晶重排、增厚及新片晶生成。热处理工艺对片晶微观结构具有显著的影响。③ 将初纺中空纤维在低温下拉伸以产生孔隙，并在高温下扩大孔径，经热定型后可得中空纤维膜[6-7]。拉伸工艺决定了中空纤维膜的微孔结构。

本章将总结分析MS-S工艺对PPHFM结构与性能的影响，重点介绍熔融纺丝工艺中冷却方式对PPHFM结构与性能的影响。

第一节 熔融纺丝工艺对膜结构与性能影响

熔融纺丝是将PP粒料加热到熔点温度以上，通过螺杆经喷丝板挤出、冷却、高速牵引得到具有原始串晶(shish-kebab)结构的初纺中空纤维。高速牵引施加的强大应力场，形成了shish结构，沿着shish结构形成了kebab结构(片晶)并长大，最终在初纺中空纤维中形成了shish-kebab结构[8-10]。shish-kebab结构如图2-1所示。shish-kebab结构的完善程度最终会影响PPHFM的孔结构及性能。

一、聚合物变量影响

聚合物变量和采用的挤出条件(熔体拉伸比、纺丝温度和冷却条件)是影响初纺中空纤维结晶度和取向的关键因素[11-12]。Farhad等[13]选用5种聚丙烯树脂通过熔融挤出与拉伸制备了PP微孔膜，研究了PP熔体伸长特性对平行成核的片晶结晶的影响，计算了片晶中晶相与非晶相的排列与取向；其研究结果发现：分子质量是控制膜结构最重要的材料因素。图2-2为不同原材料PP膜的SEM显微照片。尽管PP分子量没有引起孔尺寸明显变化，但是片晶的厚度有所不同。PP20膜(M_w= 416.5 kg/mol)具有更均匀分布孔结构，而PP05膜(M_w=510.8 kg/mol)孔较不均匀。膜的水蒸气渗透性反映了孔的互连性，取决于样品的分子量和取向。高渗透性PP12膜(M_w= 420.5 kg/mol)孔径约为0.15 μm，其孔隙率为47%。低渗透性PP28膜(M_w= 350.3 kg/mol)孔较小，孔径为0.10 μm，孔隙率为41%。

二、纺丝工艺影响

在熔融纺丝工艺中，纺丝温度、冷却速率及牵引速率(或牵引率)均会影响到初纺中空纤

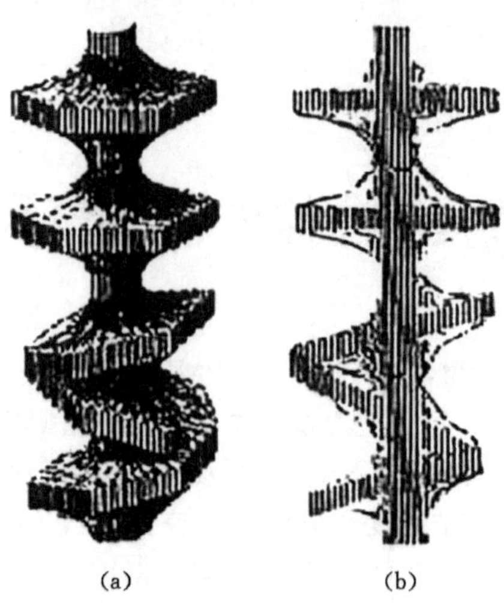

图 2-1　shish-kebab 结构

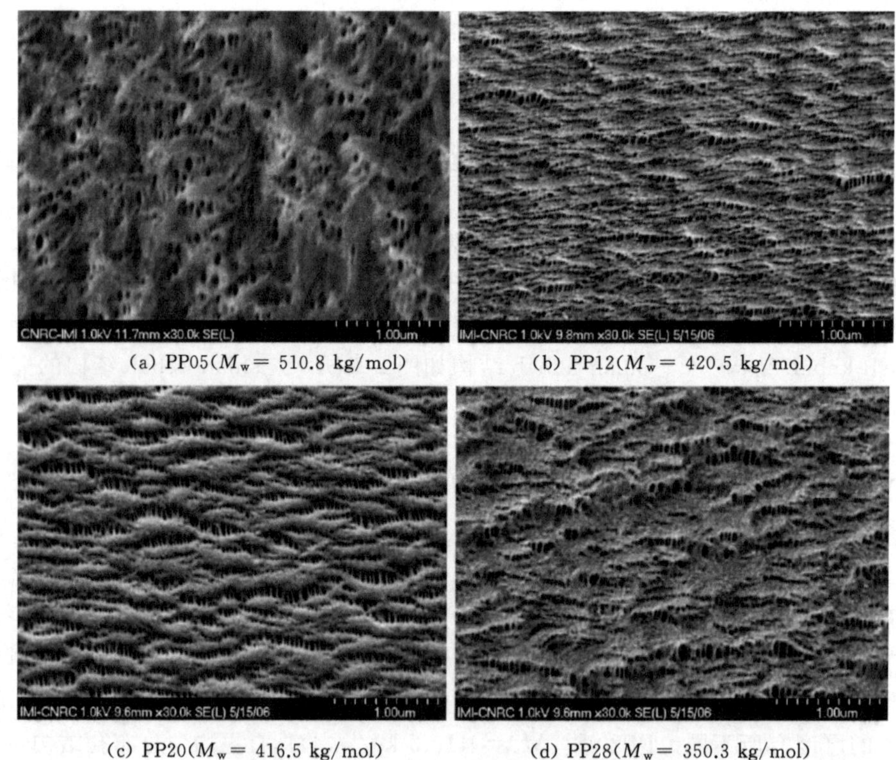

(a) PP05(M_w= 510.8 kg/mol)　(b) PP12(M_w= 420.5 kg/mol)

(c) PP20(M_w= 416.5 kg/mol)　(d) PP28(M_w= 350.3 kg/mol)

图 2-2　不同原材料 PP 膜的 SEM 显微照片[13]

(初始拉伸比 56.5,冷拉伸 40%,并加热至 140 ℃热定形 20 min)

维中片晶形貌、结晶度及取向度。一般认为,低的纺丝温度(180 ℃)会增加熔体的黏度,这有利于中空纤维的纺丝,初纺中空纤维的片晶取向度会增加,对应的 PPHFM 孔径会增大[4]。除此之外，牵引率或牵引速率对孔结构有一个最佳值（意味着最佳的应力）。Rovère[14]研究了卷绕速度对中空纤维膜弹性模量和损耗模量的影响；其研究结果发现：随着卷取速度的增加，中空纤维膜模量在环境温度下增加，更高的纺丝速度可以在一定程度上改善中空纤维膜的性能，但是，随着施加在纤维上的应力进一步提高，开始以较高的速度破坏纤维的微晶。Kim 等[4]研究结果表明：高的牵引率可以增加中空纤维的取向度与结晶度，牵引率为 800%时 PPHFM 的孔结构与膜性能最佳。也有实验结果表明：当牵引速率为 420 m/min 时，PPHFM 孔隙率达到最大值（为 49%）[15]。图 2-3 为不同牵伸速率时制备的 PPHFM 内表面形貌。如图 2-3(a)所示，初纺中空纤维在牵引速率较小时没有形成较为完善、均匀的片晶结构，对应着样品中片晶未分离区域（无孔区域）较多。熔融纺丝时熔体所受牵引力较小，分子链取向度程度较低，因此形成的初始片晶中 kebab 结构沿着应力方向上排列不均匀；即使经过热处理工艺后会形成完善的片晶，但片晶排列方向仍不规律，导致受力不均引起片晶分离不完全，形成的微孔结构比例较少且无序。如图 2-3(b)至图 2-3(e)所示，提高牵引速率，熔体所受应力增大，分子链取向度提高，热处理后可形成排列规整的片晶，在拉伸致孔过程中片晶分离均匀，形成微孔数量增加。此外，采用空气进行冷却可以得到表面结构较好的 PPHFM[16]。

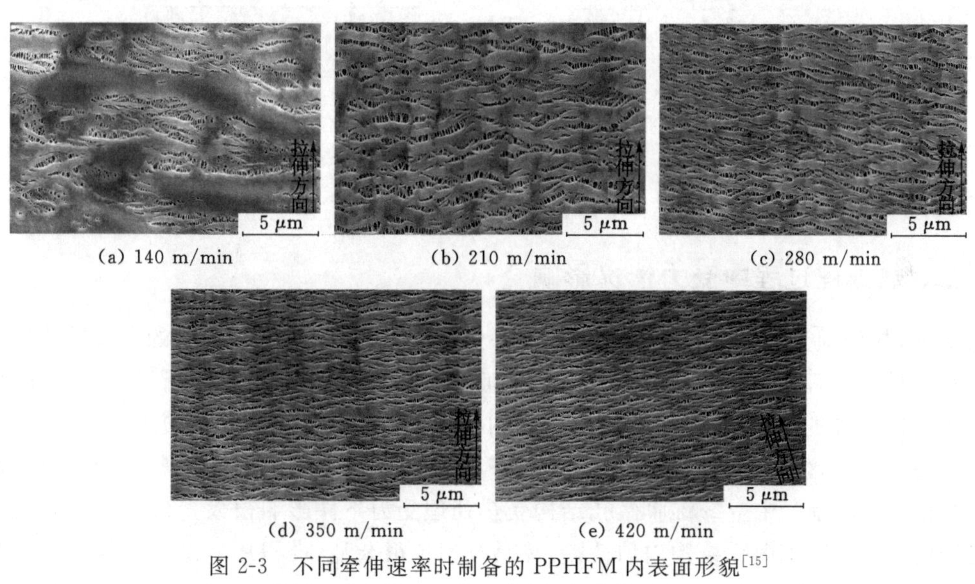

(a) 140 m/min　(b) 210 m/min　(c) 280 m/min

(d) 350 m/min　(e) 420 m/min

图 2-3　不同牵伸速率时制备的 PPHFM 内表面形貌[15]

（140 ℃热处理 1 h，冷拉伸比例 15%，总拉伸比例 50%）

第二节　热处理工艺对膜结构与性能影响

一、热处理工艺影响

热处理，是影响 PPHFM 的结构与性能的重要因素之一，是指将具有初始片晶结构的初纺中空纤维在接近其熔点的温度下，消除晶格中的缺陷，增加片晶厚度、取向度和均一性的过程。热处理前后局部片晶结构变化示意图如图 2-4 所示。热处理的影响因素主要包括热处理温度、热处理时间以及是否施加应力。其中热处理温度是热处理工艺中最重要的因素。温度过低,热处理效果不明显;温度过高,局部熔融再结晶会使初始片晶结构恶化。Liu等研究了热处理温度对膜结构与性能的影响;其研究结果发现:当温度为 130 ℃和 140 ℃时,片晶的取向度会显著增加[17]。在 130～140 ℃区间,晶轴的移动,导致片晶尺寸及厚度增加,并且伴随着新片晶的形成[18]。对于 PP 基体,晶轴开始移动温度为 110 ℃,热处理工艺需在 110 ℃以上才有明显的效果。在热处理过程中缺陷消失,片晶重排、增厚及新片晶的生成需要时间来完成,因此热处理时间也是决定膜孔结构与性能的重要因素。当热处理的时间大于8 min时,纤维拉伸后可得到高孔隙率、高渗透率及孔径均一的微孔膜。这可以理解为较长时间的热处理会增大膜的孔径和增加膜的孔隙率[19-21]。

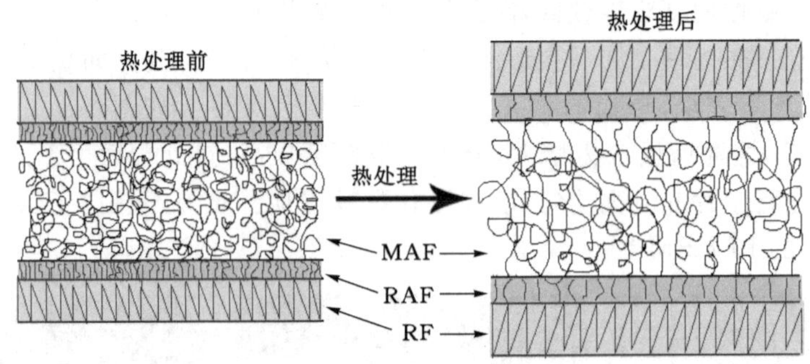

RF—晶区部分;RAF—过渡区部分;MAF—无定型区部分。

图 2-4 热处理前后局部片晶结构变化示意图[15]

二、热处理过程中受力情况影响

此外,热处理受力情况对中空纤维的结晶度影响较小,而对中空纤维的微观结构影响较大。在热处理过程中,中空纤维的结晶区、过渡区和非晶区都会增厚,但所受外力不同时,各个区域厚度增加的比例不一样,对膜性能影响也有差异。热处理无外加应力时,非晶区链段会重排进入过渡区,此时得到的膜性能会更好。不同受力条件下热处理中空纤维膜内表面形貌如图 2-5 所示。中空纤维膜微孔结构受热处理受力条件影响很大。使用圆筒卷绕进行热处理的样品 PPF1 微孔结构均匀性差,片晶排列也很杂乱,堆积片晶薄厚不均。夹具张紧热处理的样品 PPF2 片晶排列要比 PPF1 的均匀,排列方向比较一致(基本都是和拉伸方向

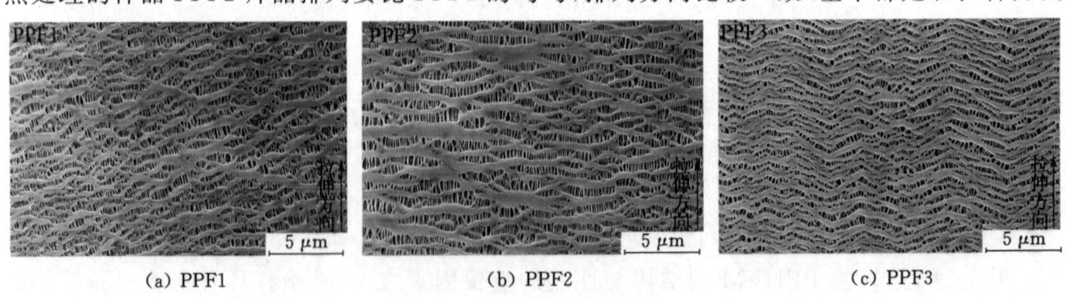

(a) PPF1 (b) PPF2 (c) PPF3

图 2-5 不同受力方式热处理中空纤维膜内表面形貌[15]

(热处理温度 140 ℃,冷拉比例 15%,总拉伸比例 100%)

垂直)，但堆积片晶厚度不均。无应力状态下热处理的样品 PPF3 微孔结构更为均匀，由于热处理时没有受到外加应力，片晶排列总体上与拉伸方向平行，堆积片晶薄厚一致。

第三节 拉伸工艺对膜结构与性能影响

拉伸过程是使中空纤维中平行排列的层状片晶结构沿拉伸方向分离形成微孔和微纤的过程，是制备 PPHFM 过程中最重要的步骤。这一过程需经过冷拉致孔、热拉扩孔及热定型三个步骤。其中冷拉比例、热拉比例、热拉温度、拉伸速率、热定型温度及时间都会影响 PPHFM 膜结构与性能[22]。图 2-6 为拉伸致孔示意图[23]。冷拉阶段处在第二屈服点之前，这个阶段为致孔阶段，该阶段主要是片晶的分离，也就是过渡区转变为微纤的过程。此时温度较低，所以过渡区中相对不太稳定的片晶首先转化为微纤，后形成较小的微孔。热拉阶段则处于第二屈服点之后，该阶段为孔的扩大阶段。此时温度升高，过渡区中相对较稳定的片晶可以转变为微纤，微孔进一步扩大。同时也存在未分离的片晶分离产生微孔，也就是说片晶的分离实际上贯穿整个拉伸(冷拉和热拉)过程。

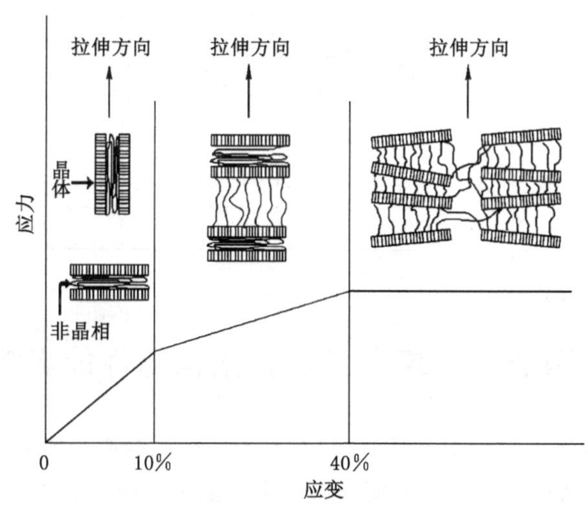

图 2-6 热处理 PP 中空纤维拉伸过程

Saffar 等[22]研究了冷拉比例对膜结构与性能的影响，冷拉比例为 25%～50%时存在片晶分离。当冷拉比例超过 75%时，膜的孔结构会变差，孔径分布不均匀。最佳的冷拉比例为 30%，增加冷拉比例将会降低膜的渗透性。热拉比例在 30%～130%间，随着热拉比例的增加，膜渗透率也会增加[24]。但孔径增大也会降低膜截留性能(即通量与截留之间的 Trade-off 现象)，这也是大多数膜存在的共同问题。Lei 等[25]研究表明，热处理及拉伸温度分别为 145 ℃和 130 ℃，总拉伸比例为 200%可得到最好的孔结构和稳定的微纤结构；当总拉伸比例超过 200%或拉伸温度超过 130 ℃时，微纤会发生断裂导致孔结构塌陷及闭合。

Wu 等[26]研究了拉伸速率对膜孔径及渗透率的影响，结果表明增加拉伸速率会减小平均孔径及膜渗透率。拉伸速率为 10 mm/min 时膜平均孔径及渗透率最好，但仍然存在部分片晶未分离。但 Offord 等[27]研究表明，拉伸速率为 50 mm/min 时，片晶分离得最好，并且架桥的微纤更稳定；超过 50 mm/min 后，微纤变短，片晶受损，孔发生闭合，这与 Wu 等的结论相差较大，因此最佳的拉伸速率仍未得到定论。中空纤维经过热拉后还要进行热定型防止孔的闭合及膜的收缩。Lei 等[28]研究了热定型温度对微孔膜性能的影响。在 145 ℃热定型 10 min 后，可得到 46.8%的孔隙率和低的收缩率(0.2%)。

综上，表 2-1 列出了 MS-S 工艺参数。这些参数可用于制备具有稳定且均匀片晶、良好的孔结构和分布、高孔隙率、低收缩率、高渗透性和良好的机械性能的 PPHFM[29]。

表 2-1　MS-S 法工艺参数

工艺步骤	参数	推荐值
熔融纺丝	结晶温度/℃	135
	牵引率/%	800
	纺丝温度/℃	180
热处理	温度/℃	130～145
	时间/min	≥8
拉伸	冷拉比例/%	25～50
	热拉比例/%	100～200
	热拉温度/℃	130～140
	拉伸速率/(mm/min)	50
热定型	温度/℃	145
	时间/min	≥10

第四节　冷却方式对膜结构与性能影响

通常情况下，熔融纺丝过程中选择空气作为冷却介质来制备 PPHFM 可以获得较大的纯水通量[30]。但为什么在空气冷却下能够制备高性能 PPHFM 没有直接的定论？

Somani[31]认为冷却速度是形成初中空纺纤维的关键因素。尽管有效的冷却条件对于防止模具出口处的链弛豫很重要，但快速的冷却速度也可能会影响二次结晶(片晶生长)。在本节中，将介绍空气、水和 DINCH(在 20 ℃时，水的热导率为 0.599 0 W/(m・K)；DINCH 的热导率为 0.180 1 W/(m・K)；空气的热导率为 0.026 7 W/(m・K)作为传热介质。不同冷却方式和不同冷却速率对初纺中空纤维和 PPHFM 的结构和性能的影响。

一、实验部分

(一) 主要原料

PP T30S，熔体流动指数为 2.5～3.5 g/10 min，购于独山子石化公司(中国新疆)，熔点 T_m为 168 ℃。环己烷 1,2-二甲酸二异壬基酯(DINCH)，购于 BASF(德国)。其参数列于表 2-2。无水乙醇(AR)，购于天津富裕精细化工有限公司(中国)。

表 2-2　DINCH 的参数

性能	参数	单位	测试方法
动态黏度（20 ℃）	44～60	mPa・s	DIN 51562/D445
密度（20 ℃）	0.944～0.954	g/cm^3	DIN 51757/D4052
酸值	＜0.07	mg KOH/g	DIN EN ISO 2114/D1045
酯含量	＞99.5	%	气相色谱法
水含量	＜0.1	%	DIN 51777，Part1/E203

（二）样品制备

（1）PP 初纺中空纤维是在 190 ℃的高温下通过熔融纺丝制备的。熔体纺丝系统如图 2-7所示。将氮气引入喷丝头以形成中空，流量为 0.06 L/min。纺成的纤维在室温下以不同的冷却方式(空气，水和 DINCH 作为冷却的传热介质)完全冷却，然后缠绕到卷绕机上。卷绕速度以 60 m/min 速率从 120 m/min 增加到 420 m/min，同时保持喷丝头中恒定量的熔融树脂。对于水和 DINCH 冷却，从喷丝头到凝固浴的距离设置为 0.5 m。从纺丝板到凝固浴中的第一引导辊的距离设定为 2 m。

（2）将初纺中空纤维在松弛条件下 140 ℃热处理 1 h，去除结晶相中的缺陷并增厚片晶。

（3）热处理中空纤维首先在室温下冷拉伸 20%，接着在高于 95 ℃的高温下开始热拉伸，在 120 ℃下热拉伸至 200%。最后，将中空纤维膜在 120 ℃下重新热定型 1 h 以防止收缩。

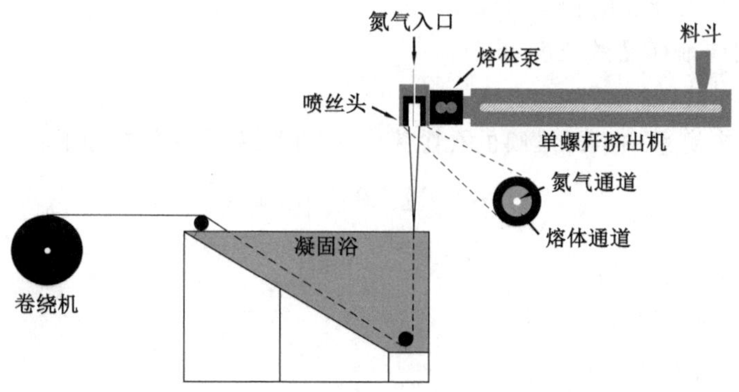

图 2-7　中空纤维熔融纺丝和卷绕系统

（三）性能测试与结构表征

（1）差示扫描量热法测试

TA Q10 用于测量样品在 50～230 ℃时的熔点和熔化热，加热速率为 10 ℃/min，样品的结晶度(X_c)计算如下：

$$X_c(\%)=\frac{\Delta H}{\Delta H^0}\times 100 \tag{2-1}$$

式中　ΔH——样品的熔化热，J/g；

ΔH^0——聚丙烯单晶的熔化热，取 207 J/g[32]。

（2）小角 X 射线散射和广角 X 射线衍射

采用小角度 X 射线散射（SAXS）研究晶体结构并估计片晶之间的长距离。通过 Nano Star X 射线衍射仪在 0.154 nm 的波长处收集 SAXS 图像。使用 Hi-STAR 二维区域检测器在室温下以透射模式进行广角 X 射线衍射（WAXD）测量。发电机的电压和电流分别设置为 40 kV 和 40 mA。使用带有石墨单色仪的铜源（Kα 射线能量为 8.04 keV，其波长为 0.154 nm）。将检测器固定在距样品 9.95 cm 的位置。连续扫描角度范围为 10°～30°。

（3）表面形态观察

使用场发射扫描电子显微镜（Quanta FEG250，美国 FEI 公司）来观察中空纤维膜的表面形貌。

（4）拉伸性能测试

样品力学性能在室温下以 50 mm/min 的拉伸速度在微计算机控制电子万能试验机［CMT4204，MTS 系统有限公司（中国）］上进行拉伸试验。

（5）弹性回复率测试

在 140 ℃退火后，将一定长度的样品在通用试验机上拉伸 50%，保持 1 min，然后松开，3 min 后测量样品的长度。膜的弹性回复率计算如下：

$$ER = \frac{L - L'}{L - L_0} \times 100\% \tag{2-2}$$

式中 ER——样品的弹性回复率，%；

L——拉伸后样品的长度，mm；

L'——回复后样品的长度，mm；

L_0——拉伸前样品的长度，mm。

（6）孔隙率测试

选择称量法来测量中空纤维膜的孔隙率[33]。孔隙率计算公式如下：

$$P = \frac{\rho_0 - \rho}{\rho_0} \times 100\% \tag{2-3}$$

式中 P——膜孔隙率，%；

ρ_0——PP 的密度，g/cm^3；

ρ——膜的密度，g/cm^3。

（7）水通量测试

在测量水通量之前，将组件在室温下浸入乙醇中 1 h。在水通量测试之前，所有组件均用蒸馏水在 0.15 MPa 的压力下恒压 0.5 h，以确保稳定的膜通量。然后在 0.1 MPa 的恒定压力下通过内压模式测量水通量。水通量的计算公式如下[11]：

$$J = \frac{V}{A\Delta t} \tag{2-4}$$

式中 J——0.1 MPa 的压力下的水通量，$L/(m^2 \cdot h)$；

V——渗透水的体积，L；

Δt——测试时间，h；

A——每个膜模块的有效面积，m^2。

二、PP 中空纤维结晶分析

冷却是初纺中空纤维形成的关键控制因素。因此有必要研究最佳的冷却条件以获得合适的片晶结构。图 2-8 为各种冷却方式制备的初纺中空纤维、热处理中空纤维和中空纤维膜的 DSC 曲线。水冷初纺中空纤维在高温区域具有肩峰，在 DINCH 中冷却的初纺中空纤维在高温区域显示小峰[图 2-8(a)]，但在热处理纤维中未观察到上述变化[图 2-8(b)]。肩峰的出现可能归因于片晶分布(薄而厚的薄层)和取向以及连接晶体块的折叠链的构型[12]。在热处理过程中产生一定数量的亚稳态折叠链构象，以及更均匀的片晶分布提高了结晶度，因此在 145 ℃出现一个小峰[图 2-8(b)][34]。水冷却和 DINCH 冷却的初纺中空纤维中的峰位明显移至高温区域[图 2-8(c)]，这表明晶体厚度增加。通常，片晶越薄，熔点越低，这可以用吉布斯-汤姆森公式来解释[35]：

$$T_m = T_m^0 \frac{2\sigma_e T_m^0}{l \Delta h} \tag{2-5}$$

式中　T_m^0——热力学平衡熔点，℃；

σ_e——表面能，J/m^2；

l——片晶的厚度，m；

Δh——单位体积熔化焓，J/g。

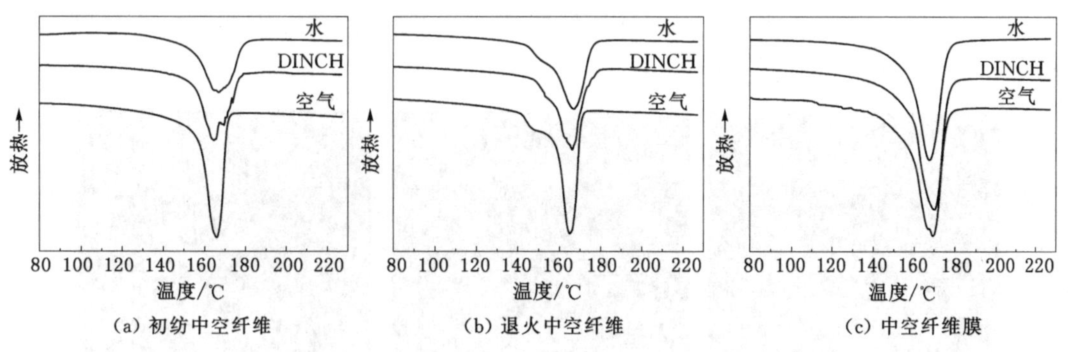

图 2-8　各种冷却方式获得的中空纤维的 DSC 曲线
(在 140 ℃热处理 1 h，冷拉伸 20%，在 95 ℃热拉伸 180%，然后升高到 120 ℃直至完成)

冷却方式对中空纤维的结晶度也存在较大的影响(见图 2-9)。在空气中冷却的样品具有最大的结晶度含量。在水和 DINCH 中冷却的样品中观察到结晶度大大降低(传热系数：水＞DINCH＞空气)。当水和 DINCH 的传热系数高于空气的传热系数时，这种降低更为明显，这会冻结表面分子链并影响初纺中空纤维的结晶。此外，通过二次结晶进行的晶体生长(类似于片晶生长)也受冷却条件控制，缓慢的冷却速度有利于片晶生长。由于在接近样品熔点温度下的链重排，热处理增加了所有初纺中空纤维的晶体含量。由于拉伸使纤维中折叠链打开，因此其结晶度略有变化[24]。

三、PP 中空纤维微观晶体结构分析

图 2-10 为热处理中空纤维的 WAXD 图像。WAXD 图像用于分析冷却方式对热处理

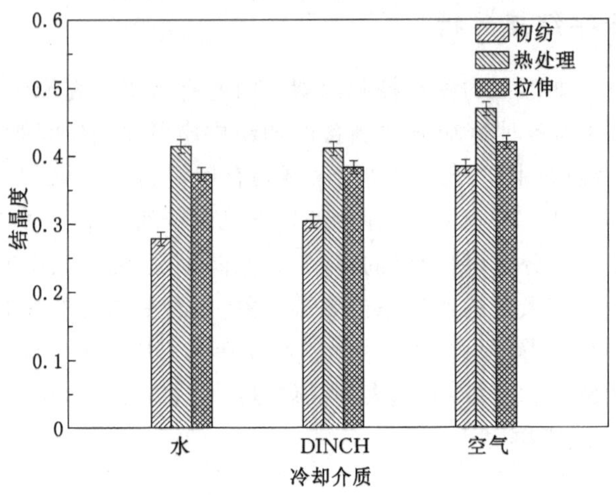

图 2-9 各种冷却方式下获得的初纺中空纤维、退火中空纤维和中空纤维膜的结晶度

（在 140 ℃热处理 1 h，冷拉伸 20%，在 95 ℃热拉伸 180%，然后升高至 120 ℃直至完成）

样品中片晶的影响。第一个环代表 110 晶面，第二个环代表 040 晶面[36]。110 平面的法线是 a 轴和 b 轴的等分线，而 040 晶面沿着晶胞的 b 轴法线[37]，如图 2-10(e)所示。对于在空气中冷却的样品，弧线更尖锐且更集中在中心，表明片晶取向更好。显然，冷却方式会极大地影响片晶取向。

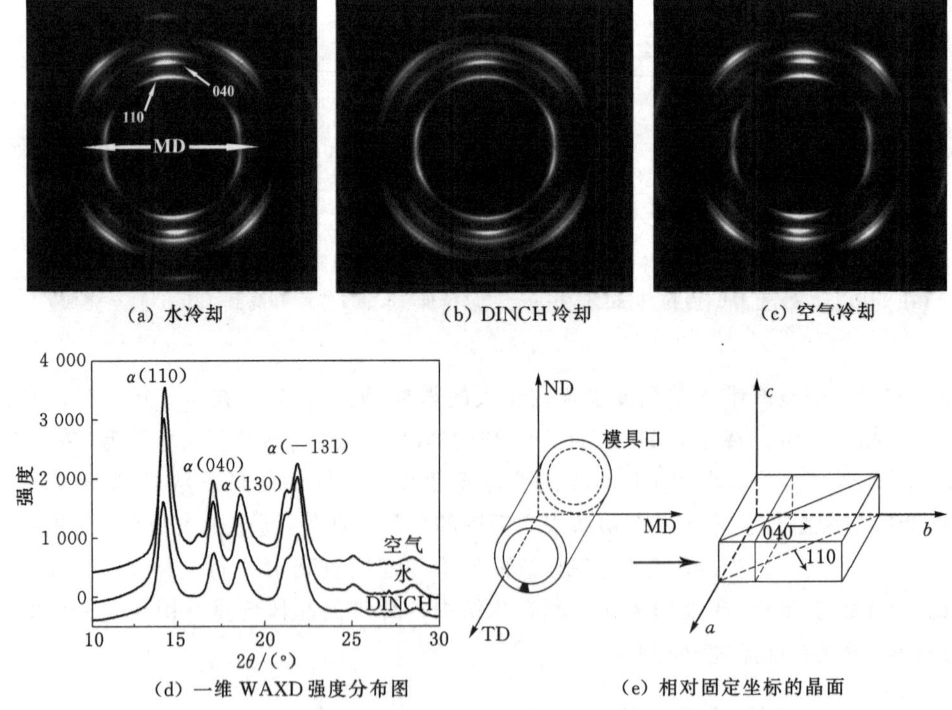

图 2-10 热处理中空纤维的 WAXD 图像

SAXS 可进一步分析冷却方式对中空纤维晶体结构的影响。图 2-11 为所有热处理中空纤维的 SAXS 图像。沿赤道方向的条纹状散射见图 2-11(a)和图 2-11(b)，沿子午线的四点亮斑见图 2-11(c)。赤道方向的条纹归因于 shishes 结构，而子午线上最大亮斑归因于 kebabs 结构。初纺中空纤维的 shish-kebab 结构是在熔融纺丝过程中产生的，并在冷却过程中被固定[24]。对于空冷样品，在子午线上观察到两个强斑和两个弱斑。前者和后者分别对应于结晶部分中的 kebab 结构和刚性无定形部分中的 kebab 结构。两个强斑点的亮度表明纤维中的片晶数量。随着冷却速度的降低，片晶数量逐步增加。然而，由于快速冷却，仅形成了几个 kebab 结构的晶核，所以在水冷却和 DINCH 冷却中纤维的 SAXS 图像中未观察到两个弱点[38]。

图 2-11(d)中的散射曲线显示了两个散射峰，表明热处理中空纤维中存在两个厚度不同的片晶[39]。Tabatabaei 等[36]认为第一个峰对应平行片晶簇，二阶峰表明片晶的周期更长。如图 2-11(d)所示，从最大强度的位置估计了长周期距离 L_p($L_p=2\pi/q$，$q=4\pi\sin\theta/\lambda$，其中 λ 是 X 射线波长，2θ 是散射角)。水冷却和 DINCH 冷却样品的 L_p 值大于空气的。在热处理过程中未施加应力，水冷却和 DINCH 冷却样品的 L_p 值增加归因于片晶厚度的增加。

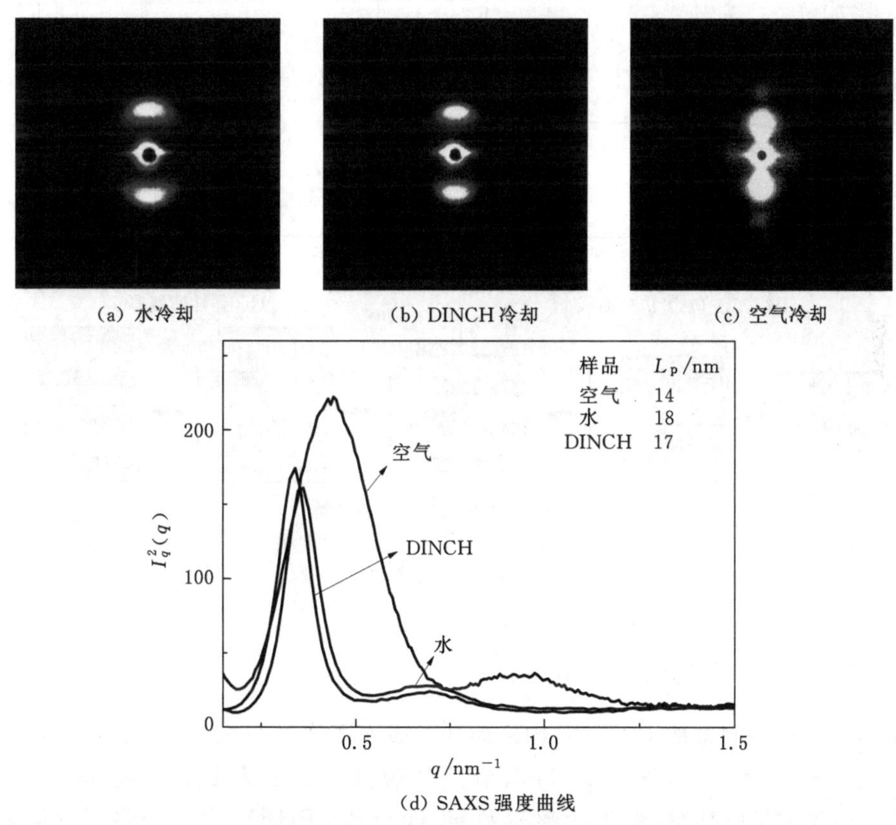

(a) 水冷却　(b) DINCH 冷却　(c) 空气冷却

(d) SAXS 强度曲线

图 2-11　热处理中空纤维的 SAXS 图像

四、PP 中空纤维力学性能分析

热处理中空纤维在室温下拉伸以片晶分离形成微孔，并在高温下进一步拉伸扩大微孔。

拉伸性能反映了中空纤维的硬弹性和强度。拉伸性能受各种因素控制，如受片晶厚度、连接链密度和取向等控制。图 2-12 所示为热处理中空纤维的拉伸性能。整个拉伸过程分为三个步骤，如图 2-12(c)所示。首先，片晶的分离；其次，短连接链拉长并断裂，形成微孔；最后，长连接链被拉长并断裂，导致中空纤维断裂[12]。如图 2-12(a)所示，快速冷却速率减小了断裂伸长率，并提高了水冷却和 DINCH 冷却热处理样品的强度，特别是 DINCH 冷却热处理样品的强度，这为制备高强度 PPHFM 提供了新的方法。上述变化可归因于较低的结晶度和较厚的片晶。此外，在 DINCH 冷却的热处理样品中，可能会有大量的短连接链将片晶牢固地连接在一起。片晶之间的强互连降低了片晶的流动性并阻碍了片晶分离，这导致应力-应变曲线斜率增加。由于非晶相和结晶相的良好取向，因此空气冷却的热处理样品断裂伸长率有所增加。

中空纤维弹性回复率受各种因素影响，如受片晶厚度、连接链密度和取向等影响。与其他样品相比，空气冷却样品由于片晶结构具有较高取向度而显示出最大的回收率[5]。DINCH 冷却的样品弹性回复率下降是由于较差的片晶取向和较短的连接链。

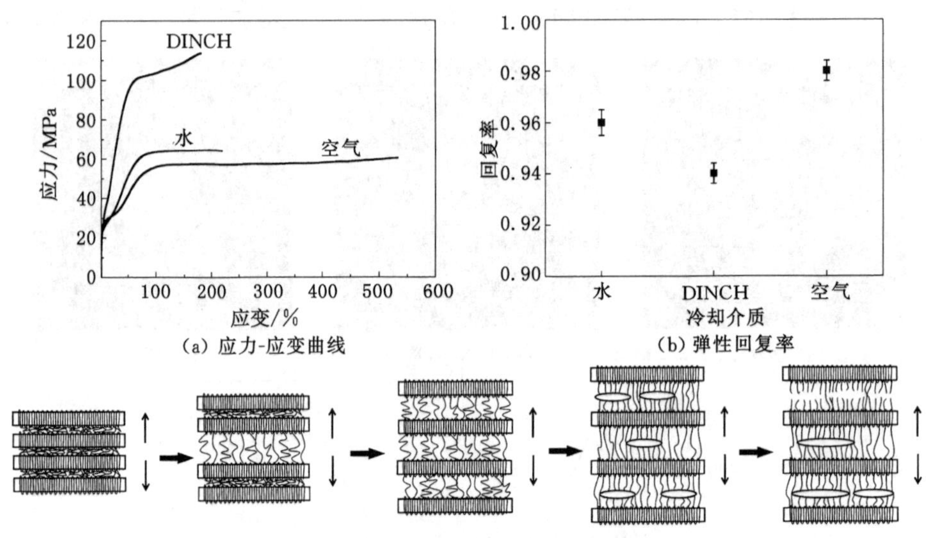

图 2-12 热处理中空纤维的拉伸性能

(拉伸速度 50 mm/min)

五、PPHFM 结构与性能分析

不同冷却方式下制备的 PPHFM 内表面和外表面图像如图 2-13 所示(图中，N 表示内表面，W 表示外表面)。由图 2-13 可以清楚地观察到微孔和微纤维结构。空气冷却 PPHFM 中出现大量微纤维，但水冷却和 DINCH 冷却 PPHFM 中只观察到少量微纤维。由于片晶之间的长连接链数量与膜中片晶簇之间的微纤维数量成正比，因此在空气冷却的 PPHFM 中，有大量的长链将片晶连接在一起。空气冷却 PPHFM 的微孔分布更均匀，但水冷却和 DINCH 冷却 PPHFM 的微孔分布较不均匀。空气冷却的 PPHFM 也显示出比其他方式冷却的 PPHFM 具有更好的片晶簇取向(见图 2-13 中 c-W)。由于冷却速度快，水冷却和 DINCH 冷却的膜表面分子链被冻结，不能进一步成核和结晶。因此 PPHFM 表面出现大面积非晶层(见图 2-13 中 a-W 和图 2-13 中 b-W)。此外,由于 PPHFM 表面层部分溶解于 DINCH 中,因此 DINCH 冷却的 PPHFM 中观察到一些内部颗粒结构。

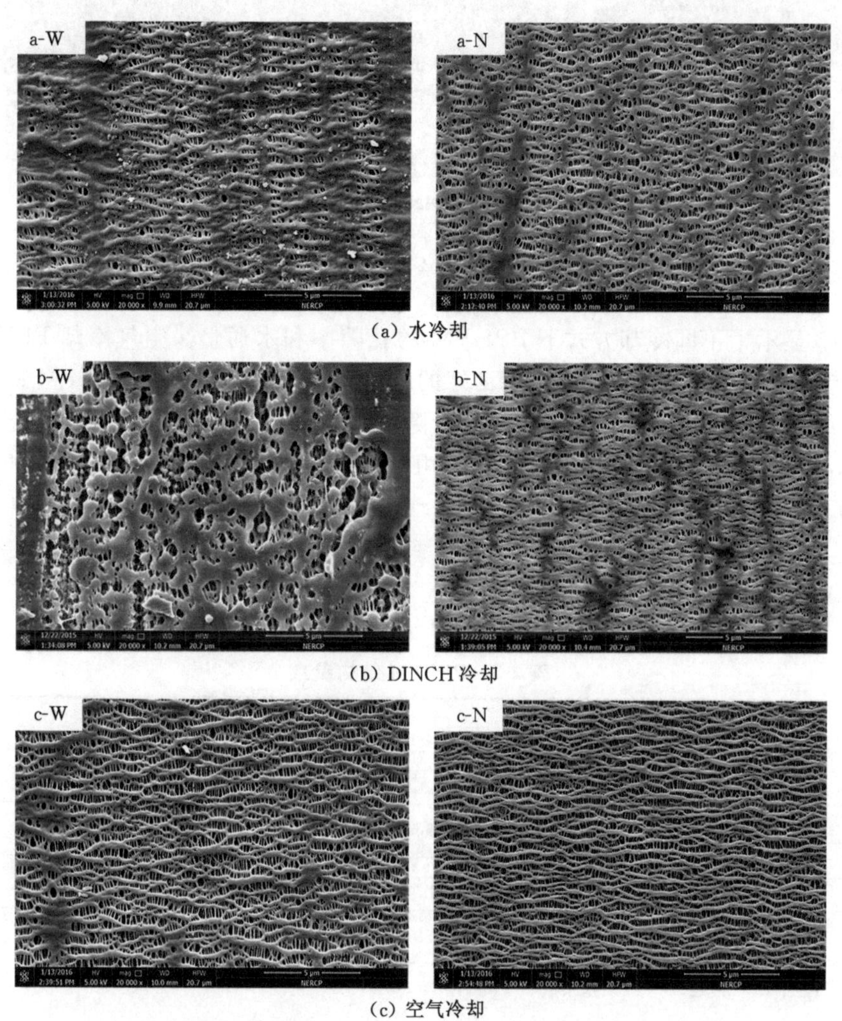

图 2-13 不同冷却方式下制备的 PPHFM 的内表面和外表面图像

(在 140 ℃下热处理 1 h;冷拉伸 20%,热拉伸 180%)

从所有 PPHFM 内表面形貌可知,冷却方式对膜孔径和分布具有较大影响。在不同介质中冷却的 PPHFM 的片晶厚度随冷却介质而变化,并遵循以下顺序减小:DINCH 冷却样品的>水冷却样品的>空气冷却样品的。相互贯通的微孔决定了 PPHFM 的性能。影响微孔的主要因素包括片晶簇的取向和沿中空纤维膜的拉伸方向的结构均匀性。在空气中冷却的 PPHFM 显示出片晶簇之间的完美互连,但在水和 DINCH 中冷却的 PPHFM 中未观察到上述情况。

PPHFM 的纵向截面图如图 2-14 所示,其纵向截面图显示该膜具有几乎各向同性的结构,同时证实了微孔的互连性。在空气中冷却的 PPHFM 观察到的完美贯通性[见图 2-14(c)]决定了膜的性能。在水和 DINCH 中冷却的 PPHFM 显示出较差的贯通性。随着片晶厚度的增加,由于难以分离较厚的片晶,片晶簇间微孔贯通性变差并且数量减少。

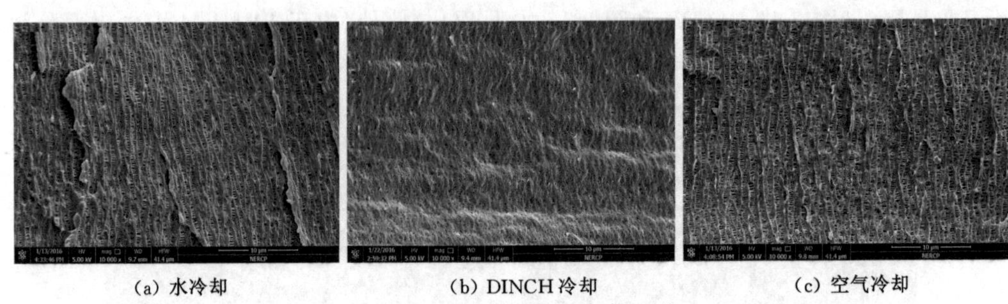

(a) 水冷却　　(b) DINCH冷却　　(c) 空气冷却

图 2-14　PPHFM 的纵向截面图

(在 140 ℃下热处理 1 h;冷拉伸 20%,热拉伸 180%)

图 2-15 显示了不同冷却方式下 PPHFM 的孔隙率和水通量。空气冷却 PPHFM 的孔隙率由于较高的结晶度、较薄的片晶和良好的结构取向而显著增加。PPHFM 的膜纯水通量受各种因素影响,如受内表面和外表面、孔隙率、孔贯通性和膜厚度等影响。表 2-3 列出了 PPHFM 结构参数。当冷却速率提高时,由于于非晶相层、较差的孔贯通性和较低的膜孔隙率,在水中冷却的 PPHFM[66.7 L/(m^2·h)]和 DINCH[16.5 L/(m^2·h)]的纯水通量明显降低。在空气中冷却的 PPHFM 由于结构更好,膜更薄,因此 PPHFM 膜水通量[188.2 L/(m^2·h)]较高。

表 2-3　PPHFM 结构参数

冷却介质	外径		内径		壁厚	
	D_o/μm	C.V/%	D_i/μm	C.V/%	厚度/μm	C.V/%
水	362 ± 6.7	1.8	256 ± 4.6	1.8	53 ± 1.7	3.2
DINCH	360 ± 4.7	1.3	254 ± 2.9	1.1	53 ± 1.6	3.0
空气	357 ± 4.2	1.2	253 ± 2.4	1.0	52 ± 1.4	2.7

注:D_o—外径;D_i—内径;C.V—误差系数。下同。

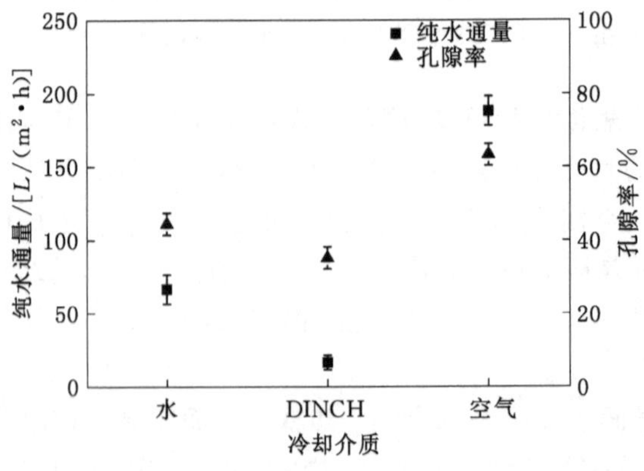

图 2-15　不同冷却方式下 PPHFM 的水通量和孔隙率

综上,冷却速率是通过 MS-S 制备 PPHFM 过程中预测膜性能的关键参数之一。由于冷却速度慢,所以在空气中冷却的 PPHFM 具有最大的结晶度以及片晶的取向度。在空气冷却的 PPHFM 中观察到更好的孔分布和较好的孔贯通性。因此空气冷却制备的 PPHFM 表现出最好的水通量。

参考文献

[1] KIM J,KIM S S,PARK M,et al.Effects of precursor properties on the preparation of polyethylene hollow fiber membranes by stretching[J].Journal of membrane science,2008,318(1/2):201-209.

[2] DU C H,XU Y Y,ZHU B K.Structure formation and characterization of PVDF hollow fiber membranes by melt-spinning and stretching method[J].Journal of applied polymer science,2007,106:1793-1799.

[3] WANG J L,XU Z K,XU Y Y.Preparation of poly(4-methyl-1-pentene) asymmetric or microporous hollow-fiber membranes by melt-spun and cold-stretch method[J].Journal of applied polymer science,2006,100:2131-2141.

[4] KIM J J, JANG T S, KWON Y D, et al. Structural study of microporous polypropylene hollow fiber membranes made by the melt-spinning and cold-stretching method[J].Journal of membrane science,1994,93(3):209-215.

[5] NOETHER H D,HAY I L.Small-angle X-ray diffraction studies and morphology of microporous materials and their ‘hard’ elastic precursors[J].Journal of applied crystallography,1978,11(5):546-547.

[6] JOHNSON M B.Investigations of the processing-structure-property relationship of selected semi-crystalline polymers[D].Blacksburg:Virginia Polytechnic Institute and State University,2000.

[7] BAKER R W.Membrane technology and applications[M].2th edition.[S.l.:s.n.],2004.

[8] CAKMAK M,TEITGE A,ZACHMANN H G,et al.On-line small-angle and wide-angle X-ray scattering studies on melt-spinning poly(vinylidene fluoride) tape using synchrotron radiation[J].Journal of polymer science part B:polymer physics,1993,31(3):371-381.

[9] SAMON J M,SCHULTZ J M,HSIAO B S,et al.Structure development during the melt spinning of polyethylene and poly(vinylidene fluoride) fibers by in situ synchrotron small- and wide-angle X-ray scattering techniques[J].Macromolecules,1999,32(24):8121-8132.

[10] KELLER A,KOLNAAR H W K.A comprehensive treatment in materials science and technology[M].[S.l.:s.n.],1997.

[11] SHAO H J,WEI F J,WU B,et al.Effects of annealing stress field on the structure and properties of polypropylene hollow fiber membranes made by stretching[J].

RSC advances,2016,6:4271-4279.

[12] SADEGHI F.Developing of microporous polypropylene by stretching[D].Paris: Ecole Polytechnique,2007.

[13] SADEGHI F,AJJI A,CARREAU P J.Analysis of microporous membranes obtained from polypropylene films by stretching[J].Journal of membrane science,2007,292(1/2):62-71.

[14] ROVÈRE A D.Characterization of hollow fiber properties during the melt spinning process[D].Oklahoma:University of Oklahoma,2000.

[15] 韦福建.熔纺-拉伸法制备高性能聚丙烯中空纤维膜的研究[D].贵阳:贵州大学,2016.

[16] 胡继文,黄勇,沈家瑞.聚丙烯中空纤维膜的微孔结构的控制[J].功能高分子学报,2002,15(1):24-28.

[17] LIU D M,KANG J,XIANG M,et al.Effect of annealing on phase structure and mechanical behaviors of polypropylene hard elastic films[J].Journal of polymer research,2013,20(5):1-7.

[18] FERRER-BALAS D,MASPOCH M L,MARTINEZ A B,et al.Influence of annealing on the microstructural,tensile and fracture properties of polypropylene films[J].Polymer,2001,42(4):1697-1705.

[19] SAFFAR A,AJJI A,CARREAU P J,et al.The impact of new crystalline lamellae formation during annealing on the properties of polypropylene based films and membranes[J].Polymer,2014,55(14):3156-3167.

[20] DING Z T,BAO R Y,ZHAO B,et al.Effects of annealing on structure and deformation mechanism of isotactic polypropylene film with row-nucleated lamellar structure[J].Journal of applied polymer science,2013,130:1659-1666.

[21] YU T H.Processing and structure-property behavior of microporous polyethylene from resin to final film[D].Blacksburg:Virginia Polytechnic Institute and State University,1996.

[22] SAFFAR A,CARREAU P J,AJJI A,et al.Influence of stretching on the performance of polypropylene-based microporous membranes[J].Industrial & engineering chemistry research,2014,53(36):14014-14021.

[23] PARK I K,NOETHER H D.Crystalline “hard” elastic materials[J].Colloid and polymer science,1975,253(10):824-839.

[24] TABATABAEI S H,CARREAU P J,AJJI A.Microporous membranes obtained from polypropylene blend films by stretching[J].Journal of membrane science,2008,325(2):772-782.

[25] LEI C H,WU S Q,XU R J,et al.Formation of stable crystalline connecting bridges during the fabrication of polypropylene microporous membrane[J].Polymer bulletin,2013,70(4):1353-1366.

[26] WU S Q,LEI C H,CAI Q,et al.Study of structure and properties of polypropylene microporous membrane by hot stretching[J].Polymer bulletin,2014,71(9):

2205-2217.

[27] OFFORD G T,ARMSTRONG S R,FREEMAN B D,et al.Porosity enhancement in β nucleated isotactic polypropylene stretched films by thermal annealing[J]. Polymer,2013,54(10):2577-2589.

[28] LEI C H, WU S Q, CAI Q, et al. Influence of heat-setting temperature on the properties of a stretched polypropylene microporous membrane [J]. Polymer international,2014,63(3):584-588.

[29] HIMMA N F,ANISAH S,PRASETYA N,et al.Advances in preparation,modification, and application of polypropylene membrane[J].Journal of polymer engineering,2016,36 (4):329-362.

[30] LEE S Y,PARK S Y,SONG H S.Lamellar crystalline structure of hard elastic HDPE films and its influence on microporous membrane formation[J].Polymer, 2006,47(10):3540-3547.

[31] SOMANI R H,HSIAO B S,NOGALES A,et al.Structure development during shear flow induced crystallization of i-PP:in situ wide-angle X-ray diffraction study [J].Macromolecules,2001,34(17):5902-5909.

[32] BLAINE R L.Thermal applications note:polymer heats of fusion[M].[S.l.:s.n.], 1972.

[33] WU S Q.Effect of annealing and stretching processes on the structure and properties of polypropylene microporous membrane [D]. Guangzhou: Guangdong University of Technology,2013.

[34] FERRER-BALAS D,MASPOCH M L,MARTINEZ A B,et al.Influence of annealing on the microstructural,tensile and fracture properties of polypropylene films[J].Polymer, 2001,42:1697-1705.

[35] 胡文兵.高分子结晶学原理[M].北京:化学工业出版社,2013.

[36] TABATABAEI S H,CARREAU P J,AJJI A.Effect of processing on the crystalline orientation,morphology,and mechanical properties of polypropylene cast films and microporous membrane formation[J].Polymer,2009,50(17):4228-4240.

[37] TABATABAEI S H,CARREAU P J,AJJI A.Structure and properties of MDO stretched polypropylene[J].Polymer,2009,50(16):3981-3989.

[38] ZHANG C B,LIU G M,SONG Y,et al.Structural evolution of β-iPP during uniaxial stretching studied by in-situ WAXS and SAXS[J]. Polymer, 2014, 55(26): 6915-6923.

[39] BAI H W,LUO F,ZHOU T N,et al.New insight on the annealing induced microstructural changes and their roles in the toughening of β-form polypropylene [J].Polymer,2011,52(10):2351-2360.

第三章　聚丙烯中空纤维膜亲水改性方法

PP具有较高的强度和耐腐蚀性，并且价格便宜、无毒，是一种优良的分离膜材料。PPHFM因具有抗冲击、耐磨损、耐腐蚀、单位膜面积大、分离效率高等优点而被广泛应用在水处理、膜蒸馏、气体分离及生物医药等领域[1-3]。然而，PP是一种疏水性材料。聚丙烯表面没有极性基团，表面能很小，临界表面张力只有 $(31\sim34)\times10^{-5}$ N/cm，这导致表面的润湿性和亲水性降低。虽然PP的疏水性可以用于膜蒸馏过程，但是在用于水处理过程时，PPHFM因疏水性而减小水通量，同时在水处理过程中易受到污染而显著降低水通量[4]。PPHFM污染机理如图3-1所示。为了使膜组件正常运行，通常需要提高压力或对膜组件进行定期的清洗，这不仅使得费用增加而且延误了生产进度，其极大地限制了PPHFM的实际应用。PPHFM亲水化改性是通过物理或化学的方法提高PPHFM水通量以及抗污染性能的重要方法。PPHFM的亲水改性方法可分为以下四种：表面处理亲水改性、表面接枝聚合亲水改性、物理亲水改性和共混亲水改性。本章将总结介绍PPHFM的各种亲水改性方法，重点介绍共混亲水改性方法与PP/PVB中空纤维膜的制备与性能分析。

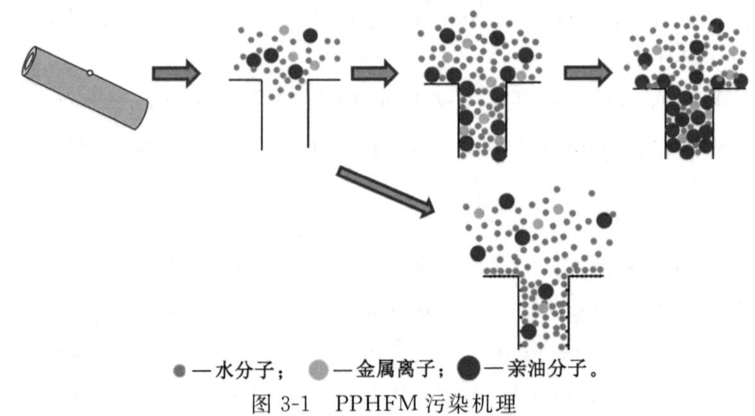

图 3-1　PPHFM污染机理

第一节　表面处理亲水改性方法

PPHFM表面处理亲水改性的方法主要有等离子体处理和化学处理等。

一、等离子体处理

等离子体处理是指用 O_2、H_2O、NH_3 和 CO_2 等非聚合性气体的等离子体处理PPHFM。利用等离子体中高能量的活性离子轰击PPHFM表面在表面形成含氧极性基团（羰基和羧基）等极性基团的作用机理来增加PPHFM的亲水性[5-8]。极性基团的存在和PPHFM的高润湿性增强了 PPHFM 表面的亲水性，使水分子更容易通过膜。Jaleh 等使用 O_2 作为等离子体对 PP 膜进行处理，其实验结果表明：在膜表面成功地引入了含氧极性基团，使得膜的亲水性得到了有效提高[5]。Yu 等研究了以 H_2O 为载气对膜进行低温等离子体处理，其研究结果发现：膜的亲水性和抗污染能力都得到了提高[6]。但是等离子体处理对膜表面有刻蚀和烧蚀作用，这导致膜开裂、结构恶化。因此等离子体处理过后 PPHFM 的力学强度和韧性都有所下降，膜的孔径也明显大于原膜的[9]。

二、化学处理

化学处理是指通过化学试剂对 PPHFM 表面进行处理，即在膜表面发生化学反应使膜表面基团发生变化，来提高膜的亲水性和抗污染能力。已报道的用于 PPHFM 处理的化学试剂有次氯酸钠、过氧化氢、高锰酸钾等强氧化剂，也有研究人员用氯磺酸对膜表面进行磺化反应处理[10]。刘惯一等对 PPHFM 表面进行氧化处理，使膜表面生成了大量含氧极性基团（如羧基、羟基和—C=O 等），使膜表面的亲水性得到较大提高[11]，但这种方法会对膜力学性能造成明显的影响，并且处理过程中有大量的废液生成。冯杰等通过正交实验，以氯磺酸为磺化剂，对 PP 微孔膜进行磺化反应处理后发现膜表面亲水性得到明显改善[12]，然而，这种方法会对膜力学性能造成影响，并且有大量的废液生成。

第二节　表面接枝聚合亲水改性方法

表面接枝聚合可以描述为一种化合物以化学键合的方式附着在膜表面的方法。按接枝过程可以分为两种接枝类型：一种是利用膜和单体来完成整个过程，单体将与活化的膜表面反应。另一种是引发剂被固定在膜表面，然后被激活与单体发生聚合[13]。按引发因素分类可分为等离子体引发、化学引发和辐射引发。

一、等离子体引发

等离子体的作用是在膜表面或其他引发剂上提供能引发聚合过程的活性位点。此处的等离子体引发与前文等离子体处理方法存在较大不同：前文讲述的等离子体处理方法主要依靠等离子体气体进行蚀刻，此处采用等离子体则是为了引发聚合反应。目前采用等离子体引发技术已经可以成功将 N，N-二甲基丙烯酰胺、N-异丙基丙烯酰胺、聚乙二醇和 α-烯丙基葡萄糖苷等接枝在 PP 膜上。对于 PP 膜而言，采用等离子体引发技术已经可以有许多成功的报道了。例如：Masuoka 等采用等离子体引发技术在 PP 膜表面接枝了 N，N-二甲基丙烯酰胺[14]；Liang 等采用等离子体引发技术在 PP 膜表面接枝了 N-异丙基丙烯酰胺[15]；Yu 等采用等离子体引发技术在 PP 膜表面成功接枝丙烯酰胺[16]；Abednejad 等采用等离子体引发技术在 PP 膜表面成功接枝聚乙二醇（PEG）[17]；以及 Choi 等采用等离子体引发技术在 PP 膜表面成功接枝磺化甲基丙烯酸缩水甘油酯[18]。Kou 等[19]证明了等离子体引发方法可以用于接枝糖类化合物，研究了以 N_2 为等离子体引发 α-烯丙基葡萄糖苷接枝聚合在 PP 膜表面的亲水化改性；其研究结果表明：通过 N_2 等离子体处理进行接枝反应后，膜表面亲水性增加，其接触角从 120°下降到 36°。等离子体引发方法的缺点是：对膜表面有一定的刻蚀作用，膜力学性能会降低。此外，由于新生表面的化学性质不稳定以及表面的结构重排作用使得膜亲水性不能长久性保持。

二、化学引发

化学引发的接枝聚合是指在膜表面通过与化合物反应形成聚合自由基的方法。臭氧是作为一个前驱体提供可以引发接枝聚合反应的自由基元素[20]。Xu 等采用过氧化二苯甲酰为引发剂，甲苯为溶剂，在 MS-S 制备的 PPHFM 表面接枝丙烯酸；其研究结果表明：当接枝度大于 20%，接触角接近 0°[21]。可以通过催化接枝聚合来实现膜表面活化。催化剂的作用是在接枝聚合过程中加快氧化还原反应。过氧化二苯甲酰[22]和溴异丁酸苯甲酮酯[23]被证实可作为引发剂。引发剂的作用是在接枝聚合过程中引发氧化还原反应。其中过氧化氢硫酸铵[24]和过氧化氢硫酸钾[25]的表面活化已经被证明可以成功引发接枝聚合反应。

三、辐射引发

除等离子体和各种化合物外，辐射也可用于引发 PP 膜表面的接枝聚合。紫外线照射是近年来被广泛研究的方式之一。通常二苯甲酮用作光引发剂，其作用是从 PP 膜表面提取氢，然后在紫外线照射下转化为自由基，为聚合反应提供活性位点[26]。刘燕军等研究了紫外线引发在 PP 膜表面接枝甲基丙烯酸缩水甘油酯；其研究结果表明：改性后的膜水通量随着接枝率的增加而增加，但是较高的接枝率会导致膜表面微孔大量堵塞，致使水通量有所下降[27]。辐射引发方法操作简单，但是由于加入的光敏剂与接枝单体处于同一体系中，所以在膜表面产生大量的均聚物，易堵塞膜孔影响到膜的水通量。

第三节　物理亲水改性方法

表面处理和表面接枝聚合都是改变了膜表面化学结构，因此均可归为化学改性的方法。单一通过物理方法也是可以实现膜亲水改性的。可以简单地通过将膜浸泡入高亲水物质（如酒精）中来实现改性[28]，也可通过表面涂覆和界面聚合实现亲水改性。Wang 等通过将 2-甲基丙烯酰氧乙基磷酸胆碱和甲基丙烯酸正丁酯交联，再与 3-(硅烷)甲基丙烯酸丙酯涂在 PP 膜表面，使水接触角降低至 60°以下[29]，但这种方法改性得到的亲水性只是暂时的，不持久。因此迫切需要找到稳定改性 PP 膜亲水性的技术。但也有文献报道，将膜浸泡在线性烷基苯磺酸盐族[30]或吐温[31]表面活性剂中可以得到相对稳定的亲水性。目前采用界面聚合技术已成功地把聚合物覆在几个商业用 PP 膜表面，形成薄膜复合膜[32]。

第四节　共混亲水改性方法

共混改性是在制膜过程中对膜进行亲水改性的方法[33-34]，是一种非常简单并且一步完成膜制备和膜改性的方法，可实际应用于工业规模化生产。对于 PP 膜的改性，可根据制膜方法的不同，在 PP 溶液中或 PP 熔体中共混引入亲水改性组分。亲水性组分可以是聚合物或无机纳米颗粒。由疏水基团和亲水基团两部分组成的两亲性共聚物也可作为改性组分，以制备亲水 PP 膜[34]。这种两亲性共聚物可以解决在共混过程中与 PP 基体相容性差的问题。Saffar 等采用 MS-S 共混两亲性共聚物 PP 接枝马来酸酐(PP-g-MAH)和 PP 接枝丙烯酸(PP-g-AA)亲水改性 PP 膜,可以提高 PP 膜的亲水性[35]。随后 Saffar 等又在 PP/PP-g-AA 共混膜基础上,采用二氧化钛(TiO_2)纳米颗粒接枝到亲水性 PP/PP-g-AA 共混膜表面进一步提高了膜亲水性,水接触角从 90°降低至 40°[36]。共混改性技术制备的 PPHFM 内、外表面及截面都具有亲水性,并且可以获得持久的亲水性。

共混改性虽然可以赋予膜持久的亲水性以及无污染等优点,但采用 MS-S 制膜需要保留 PP 优良的结晶性能。通常引入亲水组分会对 PP 结晶行为造成影响,同时各组分之间的相容性较差,导致膜制备过程困难。共混改性的研究重点就是引入的亲水组分对 PP 相结晶行为影响、组分之间的相容性与制膜工艺的协调性。如果引入的亲水组分既能有效促进 PP 相结晶,又能增加组分间相容性,那么共混亲水改性将是一种非常具有前景的方法。

第五节　亲水 PP/PVB 中空纤维膜

PVB 因为具有良好的亲水性和成膜性,且具有高的拉伸强度及抗冲击强度,所以成为一种新型制膜材料[37-38]。此外,PVB 还可作为共混亲水改性材料改善其他膜材料的亲水性,如改善 PVDF 及 PVC 等的亲水性[39-40]。但 PVB 亲水改性 PPHFM 还未见报道。由于聚丙烯极性较低,而 PVB 极性较高,因此共混改性需加入一定量相溶剂[41]。采用 MS-S 制备 PP 的第一步是得到具有高结晶度、高取向度的初纺中空纤维。但据文献报道[42],PP 片晶取向度在加入小分子量物质后会降低。当 PP 基体中共混入异相聚合物也会加快 PP 成核结晶[43-44]。PP/PVB 共混物的结晶行为与 PP/PVB 中空纤维膜的结构有着密不可分的联系。

本节采用含有羟基的 PVB 共混亲水改性 PP,以 PP-g-MAH 作为相溶剂制备 PP/PVB 共混物,采用 MS-S 制备了亲水 PP/PVB 中空纤维膜。通过测试 PP/PVB 共混物的亲水性与分析 PP/PVB 共混物结晶行为,考察不同含量 PVB 加入后对 PP/PVB 中空纤维片晶结构的影响,进而探究 PVB 加入量对 PP/PVB 中空纤维膜微孔结构及性能的影响。

一、实验部分

(一)主要原料

聚丙烯(PP),T30S,购于中国石油兰州石化公司。聚丙烯接枝马来酸酐(PP-g-MAH),阿克玛 CA100,购于阿克玛化学有限公司。PVB,高秒,购于天津市北辰区汇达化工有限公司。

(二)样品制备

将 PP 与 PP-g-MAH 在 80 ℃温度下真空干燥,将 PVB 在 60 ℃下真空干燥,之后将原材料按表 3-1 所示组分配比称量后充分混合均匀,采用长径比为 50 的双螺杆挤出机进行挤出造粒。将所得的粒料在 80 ℃下烘干 12 h,获得 PP/PVB 共混物。将上步得到的共混材料采用 MS-S 进行纺丝,纺丝温度为 190 ℃,冷却方式为常温气冷,卷绕速率为360 m/min。将得到的原丝在 140 ℃下热处理 1 h 以完善片晶结构,接着在室温冷拉 20%、140 ℃下热拉 180%后保温 1 h,自然冷却后得到亲水 PP/PVB 中空纤维膜。

表 3-1　PP/PVB 共混物组分比例

样品	纯 PP	PP/PVB2.5	PP/PVB5	PP/PVB7.5	PP/PVB10
PP/%	100	97.5	95	92.5	90
PP-g-MAH/%	0	2	2	2	2
PVB/%	0	2.5	5	7.5	10

（三）性能测试与结构表征

(1) 水接触角(WCA)测试：将 PP/PVB 共混材料注塑成平板，使用德国 DSA25S 光学接触角测试仪测试水接触角以表征材料的亲水性能。

(2) 差示扫描量热仪(DSC)：采用 TA 公司 Q10 型差示扫描量热仪进行测试。① 共混物测试：称取 5～10 mg 的样品，氮气氛围，流速 40 mL/min。升温过程：从室温快速升温至 220 ℃，保温 5 min 消除热历史；然后以 10 ℃/min 降温至 40 ℃，保温 5 min 后再以 10 ℃/min升温至 200 ℃。记录完整的结晶曲线和熔融曲线。② 中空纤维 DSC 测试：称取 5～10 mg的样品，氮气氛围，流速 40 mL/min。以 10 ℃/min 升温到 230 ℃。记录完整的熔融曲线。

(3) 广角 X 射线衍射(WAXD)：采用 Bruke D8 discover 型二维 X 射线衍射仪测量。Cu Kα 射线靶，Ni 滤波($\lambda=0.154$ nm)，管电压为 40 kV，管电流为 40 mA，样品距检测器距离为 9.95 cm。扫描范围 2θ 为 0°～30°，扫描速度为 5°/min。

(4) 小角 X 射线散射(SAXS)：采用 Bruke AXS Nanostar 二维 X 射线衍射仪测量，波长 λ 为 0.154 nm。测试使用 HI-STAR 探测器收集数据。

(5) 场发射扫描电镜(FESEM)：将膜丝斜切后喷金，采用美国 FEI 公司生产的 Quanta FEG250 型场发射扫描电子显微镜观察膜丝内表面微孔结构。

(6) 结晶度测定：由式(3-1)计算。

$$X_c=\frac{\Delta H_m}{w_{PP}\times\Delta H_m^0}\times 100\% \tag{3-1}$$

式中　X_c——样品结晶度，%；

ΔH_m——样品熔融焓，J/g；

ΔH_m^0——100% PP 结晶时熔融焓，取 207 J/g[45]；

w_{PP}——样品中 PP 相的质量百分比，%。

(7) 膜内外径测定：采用上海长方光学仪器有限公司生产的 XTL-550E 型光学显微镜测量膜丝内外径。

(8) 孔隙率测定：采用密度法测定膜的孔隙率。取一定长度热处理后的中空纤维，干燥至恒重，使用光学显微镜测其内外径计算得到纤维体积，同时测其质量，算出中空纤维密度。用同样的方法测定拉伸后中空纤维微孔膜的密度。孔隙率由式(3-2)计算。

$$\varepsilon=\frac{\rho_0-\rho}{\rho_0}\times 100\% \tag{3-2}$$

式中　ε——中空纤维膜孔隙率；

ρ_0——中空纤维丝的密度，g/cm³；

ρ——中空纤维微孔膜的密度，g/cm³。

(9) 水通量测定:用水通量测试装置来测试该膜的水通量。采用内压法。先在0.1 MPa条件下预压一段时间,等到水流速度不变后,测量其水的透过量。水通量由式(3-3)计算。

$$Q=\frac{V}{2n\pi RLt} \tag{3-3}$$

式中 Q——水通量,L/(m^2 · h);

V——测试时间内膜通过水的体积,L;

n——膜丝根数;

R——膜丝内半径,m;

L——膜丝总长度,m;

t——测试时间,h。

二、PP/PVB 共混材料性能分析

(一) PP/PVB 共混物亲水性能分析

PPHFM 由于 PP 的疏水性限制了其在水处理领域中应用。亲水改性可以提高 PPHFM 的亲水性,并扩宽其应用范围。采用共混亲水改性方法制备亲水中空纤维膜前提在于制备与 PP 有一定相容性的亲水共混物。图 3-2 所示为纯 PP 与 PP/PVB 共混物水接触角。由图 3-2 可知,纯 PP 的 WCA 为 103°,表明有一定的疏水性。随着 PVB 加入,WCA 呈减小趋势,亲水性逐渐得到改善。当 PVB 加入量为 10%时,WCA 降低至 76°表现出较好的亲水性。这是由于 PVB 含有一定数量的亲水官能团羟基。因此 PVB 加入量越多,亲水性能越好。由此可见,PVB 的添加能够提升 PP 本体的亲水性。

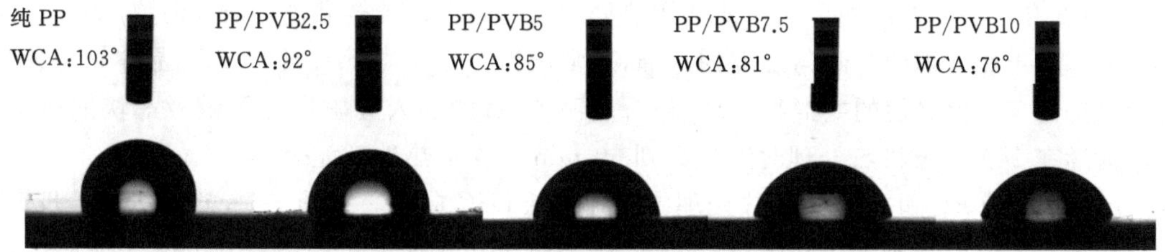

图 3-2 纯 PP 和 PP/PVB 共混物水接触角

(二) PP/PVB 共混物结晶性能分析

采用 MS-S 制备聚合物膜对聚合物的结晶完善程度与片晶取向要求较高。而 MS-S 制备 PPHFM 的过程又是一个变温过程,因此研究 PP/PVB 共混物的结晶过程对制备 PP/PVB中空纤维膜的制备工艺具有实际指导意义。图 3-3 所示为纯 PP 及 PP/PVB 共混物结晶与二次熔融曲线。由图 3-3(a)可知,加入 PVB 后的 PP/PVB 共混物起始结晶温度与结晶峰峰值温度均稍高于纯 PP 的,说明 PP/PVB 共混物结晶过程加快[41]。由于 PP-g-MAH 加入 PP 基体中会阻碍 PP 的结晶[45],因此结晶过程提前可能是 PVB 起到异相成核作用。但 PP/PVB 共混物起始结晶温度与结晶峰峰值温度随着 PVB 组分比例的增加呈降低趋势,表明结晶过程受到阻碍,这可能是由于 PP-g-MAH 中的酸酐基团与 PVB 中的羟基发生化学键合作用数量增加,分子链规整度降低且分子间的相互作用力增加[31]。在结晶时,链段向晶核扩散和堆砌需要克服的能垒增大,导致结晶速率降低及晶体完善程度降低。

这也解释了图 3-3(b)中 PP/PVB2.5 和 PP/PVB5 的二次熔融曲线峰值温度高于纯 PP 的，而PP/PVB7.5和 PP/PVB10 熔融峰值温度则低于纯 PP 的原因。一方面，PVB 的加入可起到异相成核作用，促进 PP 成核结晶；另一方面，PVB 含量增加后，MAH 与 PVB 发生键合作用数量增加，也会阻碍 PP 结晶，降低晶体完善程度。

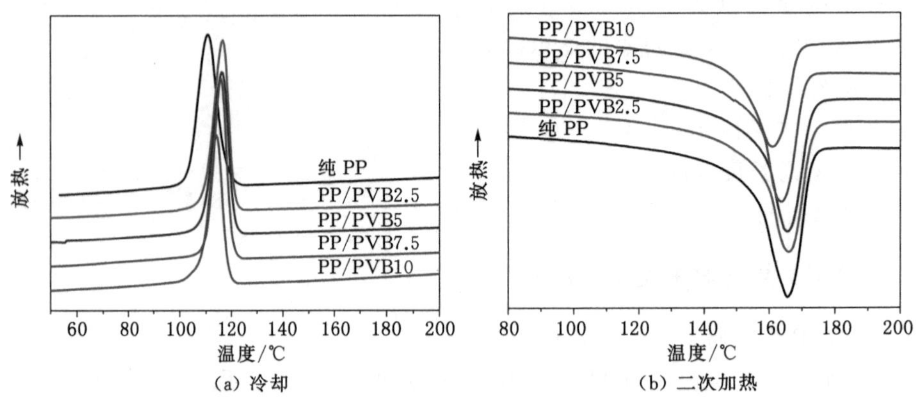

图 3-3　纯 PP 和 PP/PVB 共混物 DSC 曲线

三、PP/PVB 中空纤维微观晶体结构分析

为了验证上述结论，且进一步探讨 PVB 对 PP/PVB 中空纤维晶体结构的影响，采用 DSC 考察 PP/PVB 热处理纤维晶体结构的变化。热处理可以使晶格中缺陷消除、片晶增厚、取向度和均一性提高[47-49]。因此使用热处理后的中空纤维样品进行研究时，样品间差异更明显。对于热处理的时间与温度的选择，通常认为在 140 ℃下保温 10 min 晶体结构参数就能保持恒定。但之前的共混物 DSC 分析表明 PVB 的加入会阻碍分子链及晶块的运动，因此选择在 140 ℃下将热处理时间提高到 60 min 以保证热处理完全。

图 3-4 为纯 PP 和 PP/PVB 热处理中空纤维的 DSC 曲线。如图 3-4(a)所示，热处理 PP 纤维在 145 ℃左右出现一个小峰(退火峰)，这是由于在热处理过程中有新的介于非晶区域与结晶区之间的过渡区域形成。同时热处理后 DSC 曲线的面积有所增加，这意味着热处理过后纤维结晶度增加。此外，图 3-4(b)显示纯 PP 与 PP/PVB 中空纤维热处理后 DSC 曲线中均出现退火峰，并且 PP/PVB 热处理纤维退火峰峰值温度均高于纯 PP 热处理纤维的。但随着 PVB 加入量的增加，退火峰强度越来越弱且向低温方向移动，同时主熔融峰的宽度越来越宽，表明热处理纤维中片晶完善程度越来越低，过渡区域越来越多。这与 PP/PVB 共混物 DSC 结晶分析的结论相同，即：PVB 可起到异相成核作用；由于 MAH 与 PVB 发生键合反应，在 PP 结晶过程中，分子链段在向晶核扩散和堆砌时会受到牵制，需要克服的能垒较大，且随着 PVB 量增加，MAH 与 PVB 键合数量增加，分子两端受到的牵制也在增加，晶体完善程度更低，过渡区域增大。

高结晶度是采用 MS-S 制备高性能聚合物膜的先决条件之一。图 3-5 所示为纯 PP 与 PP/PVB 热处理纤维结晶度。PP/PVB2.5 样品的结晶度高于纯 PP 样品的，说明加入少量 PVB 起到促进结晶的作用。PP/PVB5、PP/PVB7.5 及 PP/PVB10 样品的结晶度均小于纯 PP 样品的，并且 PP/PVB5 结晶度减小明显。其后，随着 PVB 加入量的继续增加，结晶度

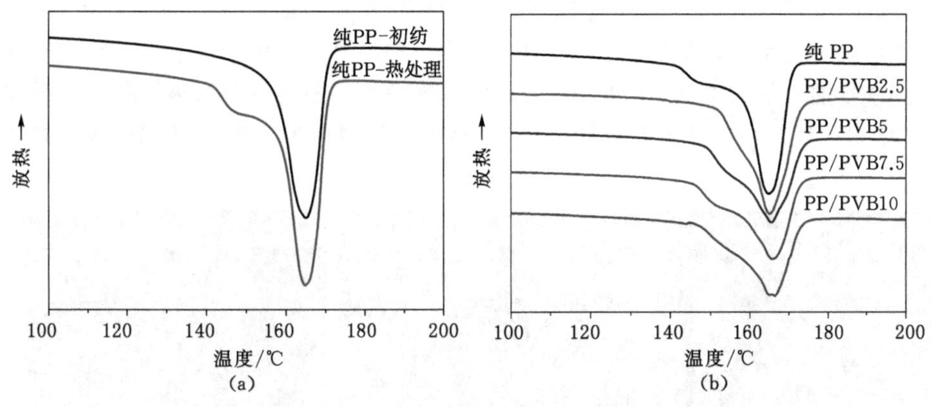

图 3-4 纯 PP 和 PP/PVB 热处理中空纤维的 DSC 曲线

又呈上升趋势。这一现象很可能是由于当 PVB 加入量较低(小于 2.5%)时,PVB 的成核作用占优;但随着 PVB 含量的增加,MAH 与 PVB 键合数量增加,PP 结晶受阻,此时 PVB 的键合作用占据主导地位。由于 MAH 加入量固定,当 PVB 含量为 5%时键合作用饱和。随后,PVB 含量增加,成核作用增强。

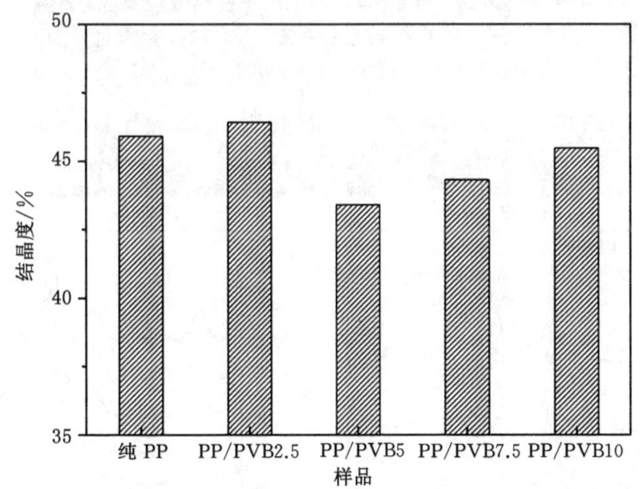

图 3-5 纯 PP 和 PP/PVB 热处理中空纤维结晶度

高度取向片晶结构也是 MS-S 制备高性能聚合物膜的先决条件之一。为了说明 PVB 加入量对初纺中空纤维片晶取向的影响,对纯 PP 和 PP/PVB 热处理纤维进行 WAXD 测试。图 3-6(a)至图 3-6(e)为热处理中空纤维二维 X 射线衍射图。在图中,从内到外,第一个圆环对应 110 晶面,第二个圆环对应 040 晶面。在单个晶包中,110 晶面的法线为 a 轴与 b 轴的角平分线,040 晶面垂直于 b 轴,其模型如图 3-6(h)所示。圆弧越亮、越锋锐对应着片晶的取向越好。从图 3-6(a)至图 3-6(e)可看出,PP/PVB2.5 样品的圆弧亮度与锋锐程度与纯 PP 样品的相差不大,但随着 PVB 加入量的增加,样品的圆弧亮度逐渐变暗,并且越来越模糊钝化,说明样品片晶的取向度越来越差。以 110 晶面为研究对象,积分范围取 0°~360°得到方位角曲线,如图 3-6(g)所示。方位角曲线随着方位角的增加,出现不同强度的峰。峰强度越大,对应着片晶取向度越高[50]。峰强度很弱或者没有峰出现则说明样品片晶取向差或者不取向。由图 3-6(g)可知，纯 PP 与 PP/PVB2.5 样品的峰强度最大且相差不大，后随着 PVB 加入量的增加，样品的峰强度越来越弱，其中 PP/PVB10 几乎没有峰的出现。这说明随着 PVB 加入量的增加，样品片晶的取向越来越差。图 3-6(f)为热处理中空纤维的一维 X 射线衍射曲线。由图 3-6(f)可知，所有样品中的晶型均为 α 晶型，说明 PVB 的加入没有改变 PP 的晶型。

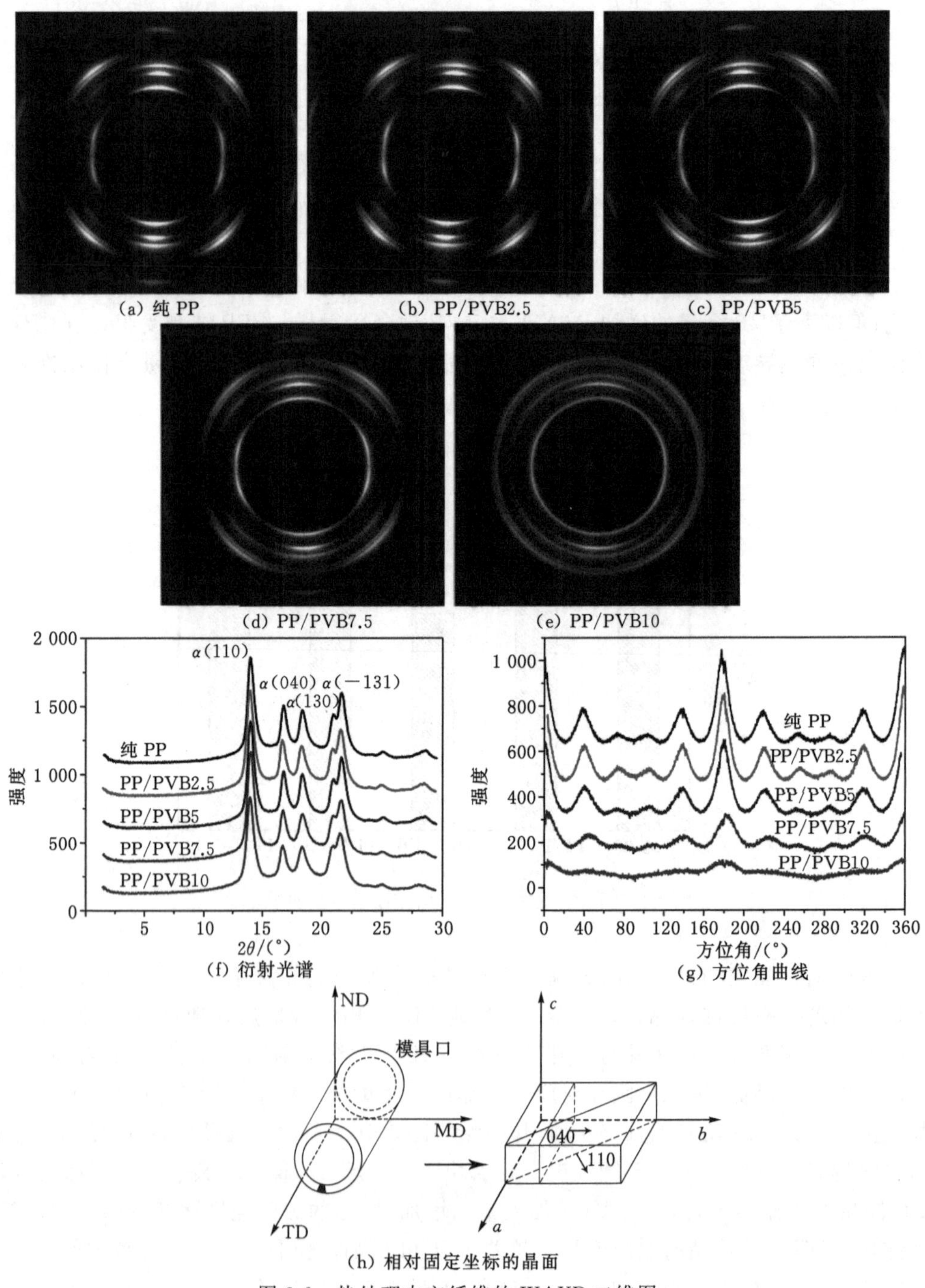

图 3-6　热处理中空纤维的 WAXD 二维图

为了更进一步考察 PVB 加入量对中空纤维微观片晶结构的影响，对上述五个热处理纤维样品进行小角度 X 射线散射检测，并得到样品的散射图及曲线，如图 3-7 所示。由图 3-7(a)可见，纯 PP 样品散射图像中赤道方向出现明显的亮条纹，而子午线方向则有亮度不同的斑点。赤道方向条纹说明样品中存在 shish 结构。而子午线方向的斑点说明存在 kebab 结构。子午线方向上亮度较大的斑点与片晶中完全结晶相对应，而强度较弱的两个亮斑则与片晶中过渡区域也就是非晶区域与结晶区之间的过渡区域相对应[49]。由图 3-7 可见，PP/PVB2.5 样品散射图比纯 PP 样品的要弥散，这表明 PP/PVB2.5 样品的 shish-kebab 结构完善程度更好。但 PP/PVB7.5 及 PP/PVB10 样品中子午线方向的亮度小的斑点消失，这说明 kebab 结构中的过渡区域较少或没有。PP/PVB10 样品中子午线方向大亮斑变为月牙形，说明 kebab 结构显著减少。由于 PVB 加入量不同，MAH 与 PVB 键合数量不同，内部 PP 分子链段受力也有所不同，因而分子链锻的移动和重排受到的限制也不同，从而影响整体片晶结构厚度、规整性等。为此通过一阶相关函数曲线中求得的结晶长周期 L、实际片晶厚度 L_c、平均片晶厚度 $\overline{L}_c$、过渡区厚度 L_{tr} 以及非晶区厚度 L_a 来说明 PVB 的加入对片晶的影响[36]。L、L_c、$\overline{L}_c$、L_{tr} 均可在曲线上直接得到，如图 3-7(g)所示，而 L_a 则是用 L 减去 $2L_{tr}$ 及 L_c 计算而得，相关参数已列入表 3-2。PP/PVB2.5 及 PP/PVB5 样品的片晶厚度 L_c 略高于纯 PP 样品，且随着 PVB 量的增加片晶厚度逐渐减小，过渡区厚度 L_{tr} 呈上升趋势。同时，随着 PVB 的添加，长周期 L 先增加后减小。这与共混材料与热处理纤维 DSC 分析结论相一致，即当 PVB 加入量较低(小于 2.5%)，PVB 的成核作用占优。但随着 PVB 含量的增加，MAH 与 PVB 键合数量增加，PP 结晶受阻，此时 PVB 的键合作用占据主导地位。同时，由于 MAH 加入量固定，当 PVB 含量为 5%时键合作用饱和。随后，PVB 含量增加，成核作用增强。

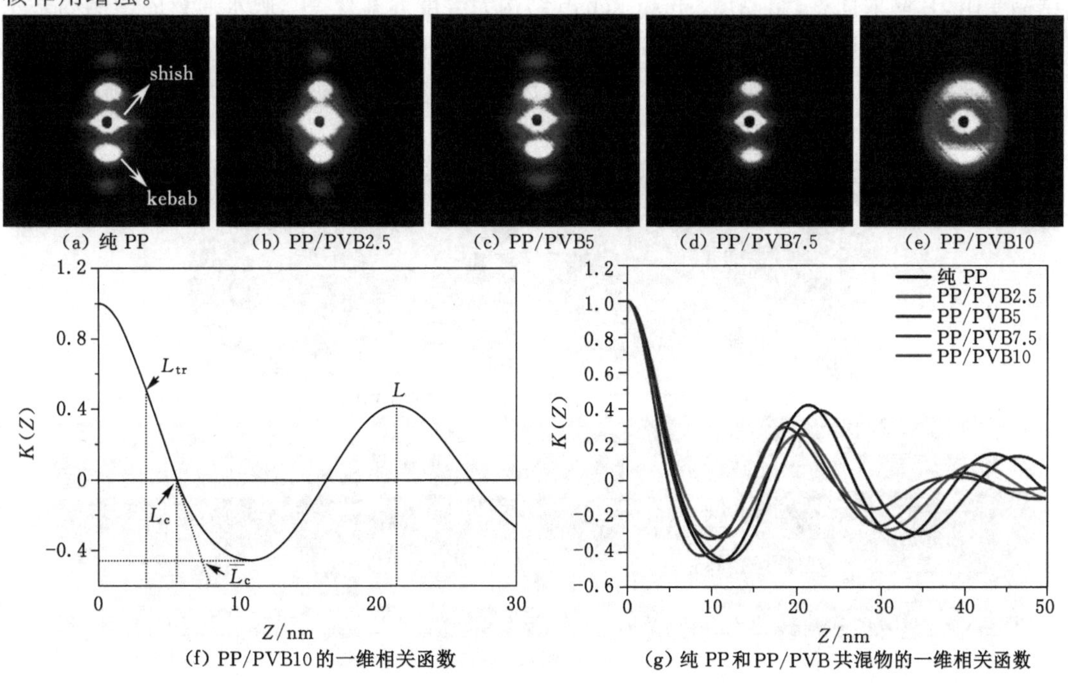

图 3-7　热处理中空纤维的 WAXD 二维图

表 3-2　纯 PP 和 PP/PVB 热处理中空纤维微观结构参数

样品	纯 PP	PP/PVB2.5	PP/PVB5	PP/PVB7.5	PP/PVB10
L/nm	21.6	20.5	22.8	19.2	18.7
L_c/nm	5.4	5.9	5.7	5.0	4.2
L_{tr}/nm	3.4	3.4	3.8	3.4	3.5
L_a/nm	9.4	7.8	9.5	7.2	7

注：L—晶体长周期；L_c—实际片晶厚度；L_{tr}—过渡区厚度；L_a—非晶区厚度。下同。

四、PP/PVB 中空纤维膜结构与性能分析

综上所述，PVB 加入对中空纤维片晶微观结构有较大的影响，而片晶微观结构又直接影响到膜结构与性能。为了更加直观验证上述分析，采用 FESEM 表征中空纤维膜内表面微观结构，如图 3-8 所示。测得各膜样品内外直径、壁厚、孔隙率及水通量数值列于表 3-3。由图 3-8 可见，中空纤维膜微孔结构受 PVB 影响很大。PP-g-MAH 加入 2%后膜中片晶排列及膜孔结构变差，对应膜性能也会降低[14]。然而 PP/PVB2.5 膜样品微孔结构均匀性、片晶簇排列及薄厚均一性都比纯 PP 膜样品的好。PP/PVB2.5 膜对应膜孔隙率为 66%，水通量达到 320 L/(m^2 · h)，相对纯 PP 膜提高了 76.8%。这是由于加入 2.5%PVB 后，热处理纤维片晶取向度、结晶度、shish-kebab 结构完善度以及膜亲水性均高于纯 PP 样品。而 PP/PVB5、PP/PVB7.5 及 PP/PVB10 膜样品微孔结构均匀性及片晶簇排列明显差于纯 PP 膜样品的，且随着 PVB 量的增加，膜丝内外径及壁厚明显减小；同时其膜孔隙率与水通量也随 PVB 量增加而减小。这是由于随着 PVB 含量的增加，MAH 与 PVB 键合数量增加，PP 结晶受阻，片晶取向度、结晶度、shish-kebab 结构完善度逐渐变差。膜水通量的影响因素主要有孔隙率、膜壁厚及亲水性等。PP/PVB5 膜样品孔隙率及壁厚均低于纯 PP 膜样品的，但其水通量却高于纯 PP 膜样品的，显然这是因为 PVB 的添加明显改善了 PP 亲水性。

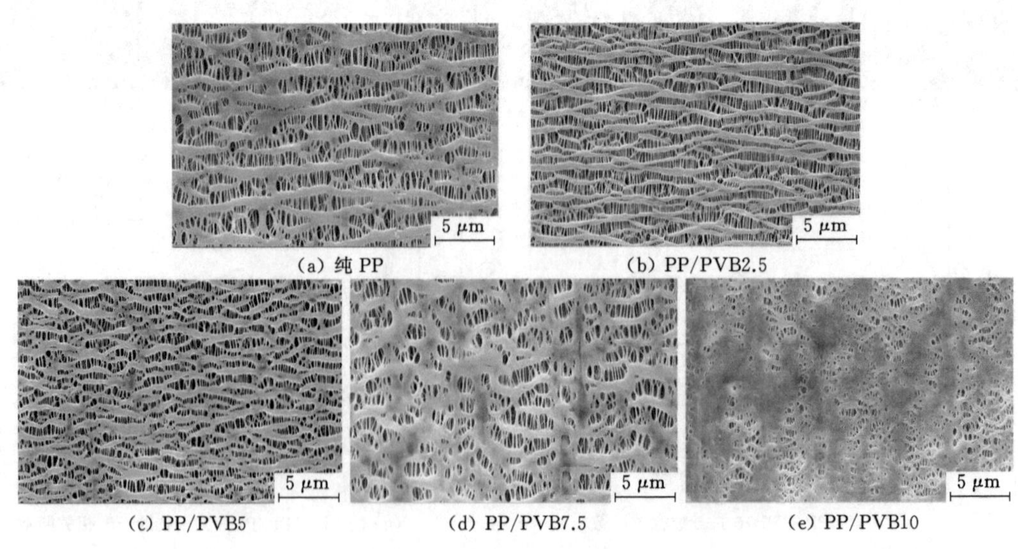

(a) 纯 PP　(b) PP/PVB2.5　(c) PP/PVB5　(d) PP/PVB7.5　(e) PP/PVB10

图 3-8　中空纤维膜内表面形貌

表 3-3 纯 PP 和 PP/PVB 中空纤维膜结构参数和水通量

样品	D_o/μm	D_i/μm	壁厚/μm	孔隙率/%	水通量/[L/(m² · h)]
纯 PP	478	370	54	55	181
PP/PVB2.5	482	372	55	66	320
PP/PVB5	420	321	50	51	210
PP/PVB7.5	344	258	43	33	64
PP/PVB10	273	197	38	19	25

综合以上分析，以 PP 作为基体，以 PVB 作为亲水改性剂，以 PP-g-MAH 作为相溶剂制备 PP/PVB 共混物，通过 MS-S 制备亲水 PP/PVB 中空纤维膜。通过测试 PP/PVB 共混物的亲水性与分析 PP/PVB 共混物结晶行为，考察不同含量 PVB 加入后对 PP/PVB 中空纤维片晶结构的影响，进而探究了 PVB 加入量对 PP/PVB 中空纤维膜微孔结构及性能的影响。PP/PVB共混物随着 PVB 量的增加，WCA 从 103°降低到 76°，PP/PVB 共混物亲水性得到较为明显改善。PVB 可以起到异相成核作用，加快 PP 成核结晶，但由于 PP-g-MAH 中的酸酐与 PVB 中的羟基发生化学键合作用，随着 PVB 添加量的增加，键合作用数量增加，分子间的相互作用力增加，导致晶体完善程度越来越差。PP/PVB2.5(2.5% PVB)中空纤维片晶取向度、结晶度、厚度以及 shish-kebab 结构完善程度均高于纯 PP 纤维的。但随着 PVB 添加量的递增，中空纤维片晶取向度降低，shish-kebab 结构逐渐消失。PP/PVB2.5 膜样品孔隙率为 66%，高于纯 PP 膜的；其水通量为 320 L/(m² · h)，相比纯 PP 膜提高了 76.8%。但随着 PVB 添加量的递增，膜孔隙率及水通量降低。其中 PP/PVB5(5% PVB)膜样品孔隙率低于纯 PP 膜样品的，但其水通量却高于纯 PP 膜样品的，这显然是因为 PVB 的添加明显改善了 PP 亲水性。

参考文献

[1] LIU Z, PAN Q Q, XIAO C F. Preparation and vacuum membrane distillation performance of a silane coupling agent-modified polypropylene hollow fiber membrane[J]. Desalination, 2019, 468: 114060.

[2] BULEJKO P, DOHNAL M, POSPÍŠIL J, et al. Air filtration performance of symmetric polypropylene hollow-fibre membranes for nanoparticle removal [J]. Separation and purification technology, 2018, 197: 122-128.

[3] NAKHJIRI A T, HEYDARINASAB A, BAKHTIARI O, et al. Experimental investigation and mathematical modeling of CO_2 sequestration from CO_2/CH_4 gaseous mixture using MEA and TEA aqueous absorbents through polypropylene hollow fiber membrane contactor[J]. Journal of membrane science, 2018, 565: 1-13.

[4] SHAO H J, QI Y T, LUO D J, et al. Fabrication of antifouling polypropylene hollow fiber membrane breaking through the selectivity-permeability trade-off[J]. European polymer journal, 2018, 105: 469-477.

[5] JALEH B, PARVIN P, WANICHAPICHART P, et al. Induced super hydrophilicity

due to surface modification of polypropylene membrane treated by O_2 plasma[J]. Applied surface science,2010,257(5):1655-1659.

[6] YU H Y,TANG Z Q,HUANG L,et al.Surface modification of polypropylene macroporous membrane to improve its antifouling characteristics in a submerged membrane-bioreactor: H_2O plasma treatment[J].Water research,2008,42(16):4341-4347.

[7] YU H Y,XIE Y J,HU M X,et al.Surface modification of polypropylene microporous membrane to improve its antifouling property in MBR:CO_2 plasma treatment[J]. Journal of membrane science,2005,254(1/2):219-227.

[8] YU H Y,HU M X,XU Z K,et al.Surface modification of polypropylene microporous membranes to improve their antifouling property in MBR:NH_3 plasma treatment[J]. Separation and purification technology,2005,45(1):8-15.

[9] BAE B,CHUN B H,KIM D.Surface characterization of microporous polypropylene membranes modified by plasma treatment[J].Polymer,2001,42(18):7879-7885.

[10] 罗大军,肖登荣,黄伟江,等.聚丙烯中空纤维膜亲水化改性展望[J].塑料,2015,44(2):99-103.

[11] 刘贯一.聚丙烯中空纤维膜表面亲水改性试验[J].河北理工学院学报,2000,22(4):80-85.

[12] 冯杰,冯绍华,相益信,等.磺化反应对聚丙烯膜亲水性的改善[J].塑料,2010,39(5):28-30.

[13] BHATTACHARYA A,RAY P.Introduction[M]/Hoboken N J.Polymer grafting and crosslinking.Hoboken:John Wiley & Sons,2009.

[14] MASUOKA T, HIRASA O, SUDA Y, et al. Plasma surface graft of N, N-dimethylacrylamide onto porous polypropylene membrane[J].International journal of radiation applications and instrumentation. part C. radiation physics and chemistry,1989,33(5):421-427.

[15] LIANG L, SHI M, VISWANATHAN V V, et al. Temperature-sensitive polypropylene membranes prepared by plasma polymerization[J].Journal of membrane science, 2000, 177(1/2):97-108.

[16] YU H Y,LIU L Q,TANG Z Q,et al.Mitigated membrane fouling in an SMBR by surface modification[J].Journal of membrane science,2008,310(1/2):409-417.

[17] ABEDNEJAD A S, AMOABEDINY G, GHAEE A.Surface modification of polypropylene membrane by polyethylene glycol graft polymerization [J]. Materials science and engineering:C,2014,42:443-450.

[18] CHOI E Y, STRATHMANN H, PARK J M, et al. Characterization of non-uniformly charged ion-exchange membranes prepared by plasma-induced graft polymerization[J]. Journal of membrane science,2006,268(2):165-174.

[19] KOU R Q,XU Z K,DENG H T,et al.Surface modification of microporous polypropylene membranes by plasma-induced graft polymerization of α-allyl glucoside[J]. Langmuir, 2003,19(17):6869-6875.

[20] GU H B, WU J N, CHAN P, et al. Hydrophilicity modification of polypropylene microfiltration membrane by ozonation [J]. Chemical engineering research and design, 2012, 90(2): 229-237.

[21] XU Z. Microporous polypropylene hollow fiber membrane part I. Surface modification by the graft polymerization of acrylic acid[J]. Journal of membrane science, 2002, 196(2): 221-229.

[22] ZHANG Y, WANG W J, FENG Q L, et al. A novel method to immobilize collagen on polypropylene film as substrate for hepatocyte culture[J]. Materials science and engineering: C, 2006, 26(4): 657-663.

[23] ZHAO J, SHI Q, LUAN S F, et al. Polypropylene non-woven fabric membrane via surface modification with biomimetic phosphorylcholine in Ce(IV)/HNO_3 redox system[J]. Materials science and engineering: C, 2012, 32(7): 1785-1789.

[24] DUANN Y F, CHEN Y C, SHEN J T, et al. Thermal induced graft polymerization using peroxide onto polypropylene fiber[J]. Polymer, 2004, 45(20): 6839-6843.

[25] MENG J Q, LI J H, ZHANG Y F, et al. A novel controlled grafting chemistry fully regulated by light for membrane surface hydrophilization and functionalization[J]. Journal of membrane science, 2014, 455: 405-414.

[26] GU J S, YU H Y, HUANG L, et al. Chain-length dependence of the antifouling characteristics of the glycopolymer-modified polypropylene membrane in an SMBR [J]. Journal of membrane science, 2009, 326(1): 145-152.

[27] 刘燕军，杨佳，吕春英，等.半胱氨酸改性聚丙烯中空纤维膜的制备及表征[J].纺织学报，2008，29(5)：6-10.

[28] MOLISAK-TOLWINSKA H, WENCEL A, FIGASZEWSKI Z. The effect of hydrophilization of polypropylene membranes with alcohols on their transport properties[J]. Journal of macromolecular science, part A, 1998, 35(5): 857-865.

[29] WANG Y B, GONG M, YANG S, et al. Hemocompatibility and film stability improvement of crosslinkable MPC copolymer coated polypropylene hollow fiber membrane[J]. Journal of membrane science, 2014, 452: 29-36.

[30] VAILLANCOURT V L. Treating hydrophobic filters to render them hydrophilic: US4525374[P]. 1985-06-25.

[31] XIE Y J, YU H Y, WANG S Y, et al. Improvement of antifouling characteristics in a bioreactor of polypropylene microporous membrane by the adsorption of Tween 20[J]. Journal of environmental sciences, 2007, 19(12): 1461-1465.

[32] KORIKOV A P, KOSARAJU P B, SIRKAR K K. Interfacially polymerized hydrophilic microporous thin film composite membranes on porous polypropylene hollow fibers and flat films[J]. Journal of membrane science, 2006, 279(1/2): 588-600.

[33] JAMSHIDI GOHARI R, HALAKOO E, NAZRI N A M, et al. Improving performance and antifouling capability of PES UF membranes via blending with highly hydrophilic hydrous manganese dioxide nanoparticles[J]. Desalination, 2014, 335(1): 87-95.

[34] ZHANG C F, BAI Y X, SUN Y P, et al. Preparation of hydrophilic HDPE porous membranes via thermally induced phase separation by blending of amphiphilic PE-b-PEG copolymer[J]. Journal of membrane science, 2010, 365(1/2): 216-224.

[35] SAFFAR A, CARREAU P J, AJJI A, et al. Development of polypropylene microporous hydrophilic membranes by blending with PP-g-MA and PP-g-AA [J]. Journal of membrane science, 2014, 462: 50-61.

[36] SAFFAR A, CARREAU P J, KAMAL M R, et al. Hydrophilic modification of polypropylene microporous membranes by grafting TiO_2 nanoparticles with acrylic acid groups on the surface[J]. Polymer, 2014, 55(23): 6069-6075.

[37] QIU Y R, MATSUYAMA H. Preparation and characterization of poly(vinyl butyral) hollow fiber membrane via thermally induced phase separation with diluent polyethylene glycol 200[J]. Desalination, 2010, 257(1/2/3): 117-123.

[38] QIU Y R, QI J. Electrokinetic characterization of poly(vinyl butyral) hollow fiber membranes by streaming potential and electroviscous effect [J]. Journal of membrane science, 2013, 425/426: 71-76.

[39] 赵梓年，张楠. PVC/PVB共混超滤膜性能研究及应用[J]. 天津科技大学学报，2007，22(3): 36-39.

[40] QIU Y R, RAHMAN N A, MATSUYAMA H. Preparation of hydrophilic poly(vinyl butyral)/Pluronic F127 blend hollow fiber membrane via thermally induced phase separation[J]. Separation and purification technology, 2008, 61(1): 1-8.

[41] CASCONE E, DAVID D J, DI LORENZO M L, et al. Blends of polypropylene with poly(vinyl butyral)[J]. Journal of applied polymer science, 2001, 82(12): 2934-2946.

[42] TABATABAEI S H, CARREAU P J, AJJI A. Microporous membranes obtained from polypropylene blend films by stretching[J]. Journal of membrane science, 2008, 325(2): 772-782.

[43] FAN Q C, DUAN F H, GUO H B, et al. Non-isothermal crystallization kinetics of polypropylene and hyperbranched polyester blends[J]. Chinese journal of chemical engineering, 2015, 23(2): 441-445.

[44] ZHOU H M, YING J R, LIU F, et al. Non-isothermal crystallization behavior and kinetics of isotactic polypropylene/ethylene-octene blends. part I: crystallization behavior[J]. Polymer testing, 2010, 29(6): 640-647.

[45] BAGHERIASL D, CARREAU P J, DUBOIS C, et al. Properties of polypropylene and polypropylene/poly(ethylene-co-vinyl alcohol) blend/CNC nanocomposites[J]. Composites science and technology, 2015, 117: 357-363.

[46] 吴宁晶，杨鹏. PP/PMMA/PP-g-MAH共混物的结晶和相形态研究[J]. 高分子学报，2010(3): 316-323.

[47] PARK I K, NOETHER H D. Crystalline "hard" elastic materials[J]. Colloid and polymer science, 1975, 253(10): 824-839.

[48] YU T H. Processing and structure-property behavior of microporous polyethylene:

from resin to final film[D]. Blacksburg: Virginia Polytechnic Institute and State University, 1996.

[49] SHAO H J, WEI F J, WU B, et al. Effects of annealing stress field on the structure and properties of polypropylene hollow fiber membranes made by stretching[J]. RSC advances, 2016, 6(6): 4271-4279.

[50] 邵春光,卓然然,李倩,等.原位X射线研究拉伸过程中间规聚丙烯晶体熔融与晶体取向关系[J].高等学校化学学报,2013,34(2):485-490.

第四章　双微孔亲水聚丙烯中空纤维膜

第一节　双微孔亲水聚丙烯中空纤维膜结构设计

一、双孔结构简介

在无机多孔材料领域，存在着一种特殊孔结构——双孔结构（也称双峰孔结构）。这种双孔结构的特征在于具有两种不同等级且独立孔径分布的孔结构。两种孔径的孔分别具有不同的作用。大孔可以允许较大直径的分子进入，同时其作为物质传输的通道，具有较小的扩散阻力；小孔则作为物质的吸附点和反应的场所，提供较大的活性面积，具有较好的择形催化的能力，提高活性组分的分散性[1-3]。这种双孔结构能够让材料表现出更好的性能。

二、双微孔亲水聚丙烯中空纤维膜的设计

MS-S 制备 PPHFM 需要解决下述关键问题：① 未分离片晶簇及其叠加导致孔隙率低；② 孔径增大导致截留性能降低；③ PP 本身的疏水性导致膜亲水性差。解决好上述问题是实现高通量和高截留 PPHFM 制备的关键所在。基于无机多孔材料领域具有不同作用的特殊双孔结构，参考膜领域对膜微孔结构的定义，设想是否能够在 PPHFM 中可控构筑出具有两种不同等级且独立孔径分布的新型双微孔膜结构。其中，大微孔起到提高膜孔隙率的作用，小微孔起到保留膜截留性能的作用。在 PP 相中共混入小剂量强度和熔点都高于 PP 的第二相不相容聚合物，通过调控体系相容性与制膜工艺，结合不同的致孔机理是可能构筑出双微孔结构的。若采用亲水高聚物作为上述第二相，则可以同时达到共混亲水改性的目的，得到双微孔亲水 PPHFM。PPHFM 和双微孔亲水 PPHFM 表面结构设想模型如图 4-1 所示。

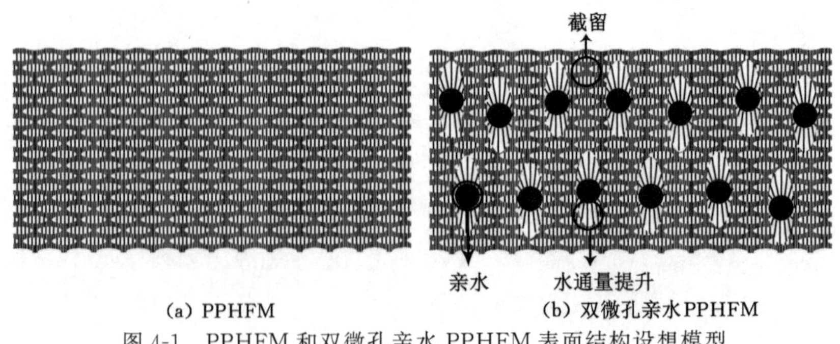

图 4-1　PPHFM 和双微孔亲水 PPHFM 表面结构设想模型

第二节　双微孔亲水 PP/EVOH/MAH 中空纤维膜

一、实验原料

实验原料如表 4-1 所示。

表 4-1　实验原料

名称	牌号/级别	生产厂家
聚丙烯(PP)	T30S	中国石油兰州石化公司
乙烯-乙烯醇共聚物(EVOH)	L171B	日本可乐丽株式会社
聚丙烯接枝马来酸酐(PP-g-MAH)	CA100(接枝率为 1%)	阿科玛(上海)化工有限公司
无水乙醇	分析纯(AR)	天津富宇精细化工有限公司
牛血清白蛋白(BSA)	生化试剂(BR)	国药集团化学试剂有限公司

二、样品制备

(一) 亲水共混物母粒的制备

将 PP、EVOH 和 PP-g-MAH 在 80 ℃真空烘箱中干燥 24 h,按表 4-2 所示组分配比在高速混料机中均匀混合,采用同向双螺杆挤出机挤出、水冷、切粒分别制备共混物母粒。挤出机 1 区至 12 区的温度分别为 115 ℃、185 ℃、195 ℃、210 ℃、215 ℃、215 ℃、220 ℃、220 ℃、220 ℃、215 ℃、215 ℃、215 ℃。所制备的共混物母粒在 80 ℃真空烘箱中干燥 24 h 后注塑成测试所需样条与平板,其分别用于力学性能测试与水接触角测试。注塑机 1 区至机头温度为 180～215 ℃。

表 4-2　不同 PP-g-MAH 含量 PP/EVOH/MAH 共混物组分比例

样品	PP	PP-g-MAH	EVOH
纯 PP	100%	0	0
PEMAH-0	90%	0	10%
PEMAH-2	90%	2%	10%
PEMAH-5	90%	5%	10%
PEMAH-8	90%	8%	10%

(二) 双微孔亲水 PPHFM 的制备

MS-S 制备双微孔亲水 PPHFM 主要分为三个步骤:初纺中空纤维的纺制、热处理中空纤维的制备和双微孔亲水 PPHFM 的制备(其制备流程见图 4-2)。

(1) 初纺中空纤维的纺制

将干燥的共混物母粒经自制的纺丝机进行初纺中空纤维纺制,熔体经过单螺杆挤出机后从单孔管状喷丝头(内径与外径分别为 0.5 mm 和 2.5 mm)挤出,纺丝温度为 195 ℃。氮气作为成腔流体，氮气流速为 0.06 L/min。中空纤维在不同的牵引速率下完全冷却后经过导轮自动卷绕在卷绕筒上。将纤维从卷绕筒上剪下得到初纺中空纤维。初纺中空纤维的熔融纺丝系统如图 4-3 所示。

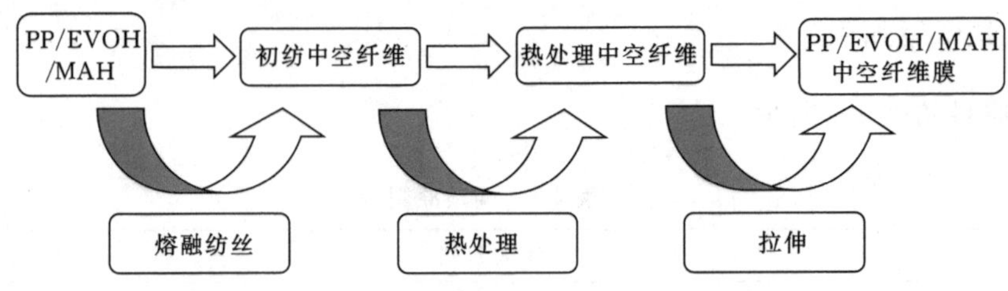

图 4-2　双微孔亲水 PPHFM 的制备流程

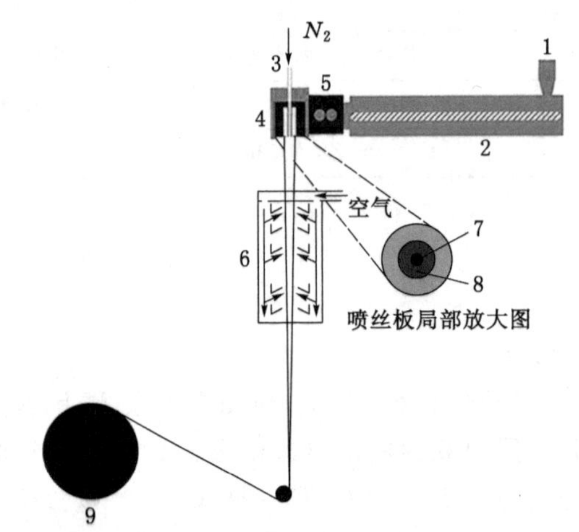

1—料斗；2—单螺杆挤出机；3—氮气入口；4—喷丝板；5—计量泵；
6—空气骤冷器；7—氮气流道；8—熔体流道；9—绕丝机。

图 4-3　初纺中空纤维的熔融纺丝系统

(2) 热处理中空纤维的制备

将初纺中空纤维放入温度为 120～160 ℃的电热鼓风烘箱中，在无应力状态下等温热处理 1 h 后自然冷却至室温制备热处理中空纤维。

(3) 双微孔亲水 PPHFM 的制备

热处理中空纤维经实验室自制拉伸机进行拉伸致孔。热处理中空纤维在室温(20 ℃左右)下进行冷拉伸 20%致孔，再升温至 140 ℃热拉伸 80%～280%，然后 140 ℃热定型 1 h，最后自然冷却至室温制备出具有双微孔结构的亲水 PPHFM。

三、样品的表征与测试方法

(一) 亲水共混物的表征与测试方法

(1) 微观形貌观察

将共混物的标准样条(80 mm×10 mm×4 mm)开口 2 mm，在液氮中浸泡 8 h，采用冲击试验机冲断，80 ℃烘 2 h 后对断面进行喷金。在场发射扫描电镜下观察样品断面形貌。利用 Image-Pro Plus 软件对共混物断面上的 EVOH 岛结构直径进行统计。统计的岛结构数量大于 100 个。

(2) 力学性能测试

① 进行拉伸性能测试。在常温(25 ℃)下按照《塑料 拉伸性能的测定 第 2 部分:模塑和挤塑塑料的试验条件》(GB/T 1040.2—2006)进行测试。采用哑铃型标准试样。标距为 50 mm,夹具间初始距离为 115 mm。② 进行弯曲性能测试。在常温(25 ℃)下按照《塑料弯曲性能的测定》(GB/T 9341—2008)进行测试。试样尺寸为 80 mm×10 mm×4 mm。跨距为 50 mm。③ 进行冲击性能测试。在常温(25 ℃)下按照《测定塑料抗摆冲击性能的标准试验方法》(ASTM D256—2010)进行测试。试样尺寸为 80 mm×10 mm×4 mm。试样缺口为 V 形,其缺口深度为 2 mm。

(3) 流变性能测试

利用应变控制型旋转流变仪在平行板模式下对共混物分别进行应变、频率和温度扫描测试。① 进行应变扫描。测试温度为 200 ℃,频率为 10 rad/s,应变为 0～12 000%。② 进行温度扫描。频率为 10 rad/s,应变为 0.5%,在 220 ℃下保温 5 min 后以 5 ℃/min 速率降温至 115 ℃。③ 进行频率扫描。测试温度为 200 ℃,应变为 0.5%,频率为 0.01～500 rad/s。

(4) 结晶性能测试

采用差示扫描量热分析仪进行等温结晶测试。取 5～8 mg 共混物母粒,在气流量为 40 mL/min的氮气保护下,将样品迅速加热至 220 ℃等温 5 min 后快速冷却至结晶温度 T_c,确保等温结晶完全。对于纯 PP 和 PMEVOH-0,T_c 等温结晶温度分别为 124 ℃、126 ℃、128 ℃、130 ℃和 132 ℃;对于其他共混物样品,T_c 等温结晶温度分别为 130 ℃、132 ℃、134 ℃、136 ℃和 138 ℃。等温结晶完全后迅速冷却至 40 ℃等温 2 min,再以 10 ℃/min的速率升温至 220 ℃,记录所有的 DSC 曲线。

PP 相的结晶度由式(4-1)计算:

$$X_c = \frac{\Delta H_m}{w_{PP} \times \Delta H_m^0} \times 100\% \tag{4-1}$$

式中　X_c——样品结晶度,%;

ΔH_m——样品熔融焓,J/g;

ΔH_m^0——100% PP 结晶时熔融焓,取 207 J/g;

w_{PP}——样品中 PP 相的质量百分比,%。

(5) PP 球晶生长观察

取 3～5 mg 共混物母粒于载玻片上,用热台加热至 250 ℃,待样品完全熔融后压制成薄膜,恒温 5 min 后将放至样品的热台放置在偏光显微镜下,待热台温度降至 155 ℃时开始记录等温结晶过程。

(6) 晶型分析

采用 D/Max-RA X 射线衍射仪测试分析共混物中 PP 相晶型。测试条件为 Cu Kα 射线靶,Ni 滤波($\lambda = 0.154$ nm),管电压和管电流分别为 40 kV 和 40 mA,扫描范围 2θ 为 0°～30°,扫描速度为 5°/min,样品与检测器距离为 9.95 cm。

(7) 亲水性能测试

使用德国 DSA 25S 光学接触角测试仪测试材料表面水接触角,以表征材料的亲水性能。水滴体积为 3 μL。

（二）中空纤维的表征与测试方法

（1）微结构形貌观察

热处理中空纤维在 80 ℃下烘 2 h，用刀片斜切露出纤维内表面，喷金后在场发射扫描电镜下观察纤维内外表面形貌。利用 Image-Pro Plus 软件对中空纤维外表面上的 EVOH 岛结构直径进行统计。统计的岛结构数量大于 100 个。

（2）结晶性能测试

采用差示扫描量热分析仪测试中空纤维结晶性能。取 5～8 mg 初纺中空纤维和热处理中空纤维样品，在气流量为 40 mL/min 的氮气保护下将样品以 10 ℃/min 的速率升温至 220 ℃，记录完整的 DSC 曲线。

（3）晶体微观结构表征

二维广角 X 射线衍射（2D-WAXD）：采用 Bruke D8 discover 型二维 X 射线衍射仪进行测量。测试条件为：Cu Kα 射线靶，Ni 滤波（$\lambda=0.154$ nm），管电压和管电流分别为 40 kV 和40 mA，扫描范围 2θ 为 0°～30°，扫描速度为 5°/min，样品与检测器距离为 9.95 cm。

二维小角 X 射线散射（2D-SAXS）：采用 Bruke AXS Nanostar 二维 X 射线散射仪进行测量，波长 λ 为 0.154 nm，同时使用 HI-STAR 探测器收集数据。

（4）力学性能测试

取单根 10 cm 中空纤维样品，在万能试验机上以 50 mm/min 的拉伸速率进行测试得到最大力 F_{max}。通过 XTL-550E 的光学显微镜测得纤维的内外径分别为 d_1 和 d_2。通过式(4-2)计算出中空纤维强度。

$$S=\frac{4F_{max}}{\pi(d_2^2-d_1^2)}\times 100\% \tag{4-2}$$

（5）硬弹性测试

取单根 10 cm 初纺中空纤维和热处理中空纤维，在万能试验机上以50 mm/min的拉伸速率拉伸 50%后以 50 mm/min 的回车速率退回至起点，如此循环 5 次，记录完整的应力-应变曲线。

（6）弹性回复率测试

取单根 10 cm 初纺中空纤维和热处理中空纤维在万能试验机上以 50 mm/min 的拉伸速率拉伸 50%，保持 1 min 后松开，让膜丝在无应力条件下回复 3 min 后测其长度。按式(4-3)计算试样弹性回复率。

$$E_R=\frac{L-L'}{L-L_0}\times 100\% \tag{4-3}$$

式中 E_R——试样弹性回复率；

L——拉伸后试样长度，mm；

L'——回复后试样长度，mm；

L_0——拉伸前试样长度，mm。

（三）中空纤维膜的表征与测试方法

（1）微观形貌观察

中空纤维膜在 80 ℃下烘 2 h，用刀片斜切露出膜内表面，喷金后在场发射扫描电镜下观察纤维膜内外表面形貌和 EDS 能谱分析。

(2) 结晶性能测试

取 5～8 mg 中空纤维膜样品，在气流量为 40 mL/min 的氮气保护下，以 10 ℃/min 的速率升温至 220 ℃，记录完整的 DSC 曲线。

(3) 膜孔径分布与孔隙率测定

将质量为 0.2～0.5 g 的中空纤维膜置于 AutoPore IV 9510 型压汞仪中测量膜孔径分布和孔隙率。

(4) 水通量测试

在室温下(20 ℃)取一定数量膜丝，用 ABS 胶将中空纤维膜封端后插入 PU 管，再用环氧树脂浇注成小型实验用膜组件。采用内压法，在 0.1 MPa 下预压 10 min，待水流速率保持稳定后，测试一定时间内的水透过量。按式(4-4)求得水通量。

$$J=\frac{V}{\pi d_1 Lt} \tag{4-4}$$

式中　J——水通量，$L/(m^2 \cdot h)$；

V——测试时间内膜通过水的体积，L；

d_1——膜丝内径，m；

L——膜丝有效长度，m；

t——测试时间，h。

(5) 截留性能测试

配制浓度为 0.1%的碳素溶液替代纯水进行通量测试。渗透液的浊度经浊度仪检测后通过浊度与浓度的标准曲线计算出渗透液浓度，由浓度变化计算出膜对碳素的截留率。

(6) 中空纤维膜抗污染性能测试

在 0.1 MPa 下采用外压法测量水通量。每 5 min 记录一次数据，计算得到水通量 J_1。30 min后水通量基本稳定后改用浓度为 1 g/L 的牛血清蛋白溶液作为测试液，同样在 0.1 MPa下测试 60 min 得到通量 J_m，每 5 min 记录一次数据。膜经反压清洗 10 min 后再用纯水测得二次水通量 J_2，测量 30 min，每 5 min 记录一次数据。绘制出通量-时间关系曲线(即抗污染性能曲线)。通过式(4-5)计算水通量回复率，用于表征膜的抗污染性能。

$$RFF=\frac{J_2}{J_1}\times 100\% \tag{4-5}$$

$$R_t=\left(1-\frac{J_m}{J_1}\right)\times 100\% \tag{4-6}$$

$$R_r=\left(\frac{J_2-J_m}{J_1}\right)\times 100\% \tag{4-7}$$

$$R_{ir}=\left(\frac{J_1-J_2}{J_1}\right)\times 100\% \tag{4-8}$$

式中　RFF——水通量回复率，%；

R_t——总通量减少率，%；

R_r——可逆通量减少率，%；

R_{ir}——不可逆通量减少率，%。

第三节　PP/EVOH/MAH 共混物结构与性能研究

一、PP/EVOH/MAH 共混物的两相界面

图 4-4 为纯 PP 和不同 PP-g-MAH 含量的 PP/EVOH/MAH 共混物断面形貌。由图 4-4 可知，纯 PP 为均相形貌结构；在加入 10%的 EVOH 后，所有样品均呈现出典型的海岛结构。PEMAH-0 中球形的 EVOH 岛结构尺寸较大，出现了明显的两相界面分离，并形成了大量凹坑。在加入 2%的 PP-g-MAH(PEMAH-2)后，EVOH 形成的球形岛结构尺寸明显减小，但两相界面分离现象仍然存在。当继续加入 PP-g-MAH(PEMAH-5，PEMAH-8)时，两相界面分离现象消失，岛结构数量减少，EVOH 形成的球形岛结构尺寸也进一步减小。通过对共混物中 EVOH 岛结构尺寸统计(见图 4-5)，PEMAH-0、PEMAH-2、PEMAH-5 和 PEMAH-8 中 EVOH 岛结构平均尺寸分别为 4.02 μm、1.00 μm、0.80 μm 和 0.58 μm；随着 PP-g-MAH 加入，EVOH 岛结构尺寸逐渐减小。从图 4-5 中看出，随着 PP-g-MAH 的加入，两相界面开始变得模糊，两相界面分离形成的凹坑数量减少。当 PP-g-MAH 的加入量大于 5%时，两相间界面分离和凹坑消失。由于 PP-g-MAH 的酸酐基团与 EVOH 中的羟基发生化学反应[4]，共混体系的相容性得到有效改善，在两相间形成了随 PP-g-MAH 含量增加而相互作用逐渐增强的界面。

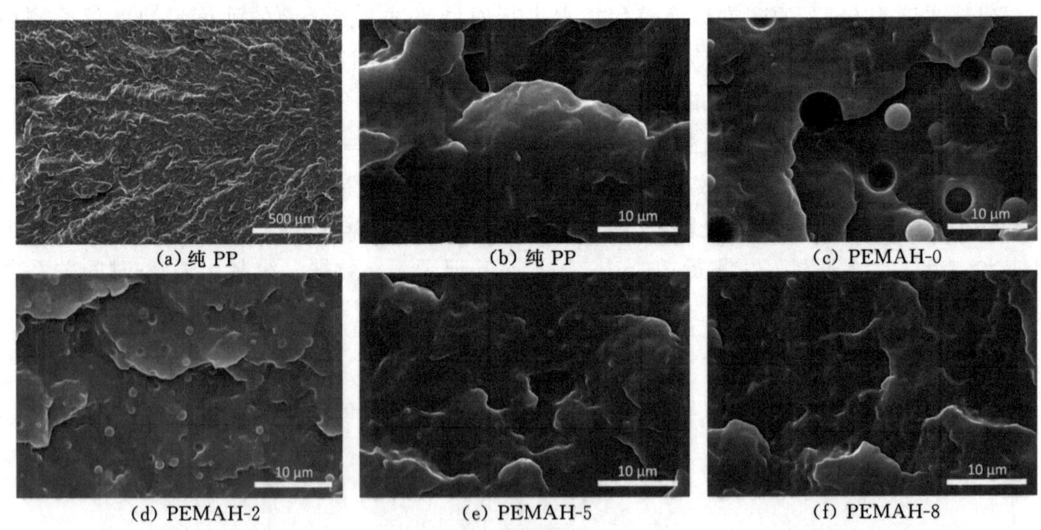

(a) 纯 PP　(b) 纯 PP　(c) PEMAH-0
(d) PEMAH-2　(e) PEMAH-5　(f) PEMAH-8

图 4-4　纯 PP 和不同 PP-g-MAH 含量的 PP/EVOH/MAH 共混物断面形貌

二、PP/EVOH/MAH 共混物力学性能分析

图 4-6 为纯 PP 和不同 PP-g-MAH 含量的 PP/EVOH/MAH 共混物的拉伸强度与断裂伸长率。纯 PP 的拉伸强度和断裂伸长率分别为 35.2 MPa 和 37%，PEMAH-0 拉伸强度略有增加(达到)37.29 MPa，断裂伸长率显著减小(为)13.67%。这主要包括两个原因。第一个是 EVOH 形成的球形岛结构均匀地分散在 PP 相中起到增强的作用，但存在的两相界面在拉伸过程中更易成为应力集中点，导致断裂伸长率减小。第二个是 EVOH 可以起到

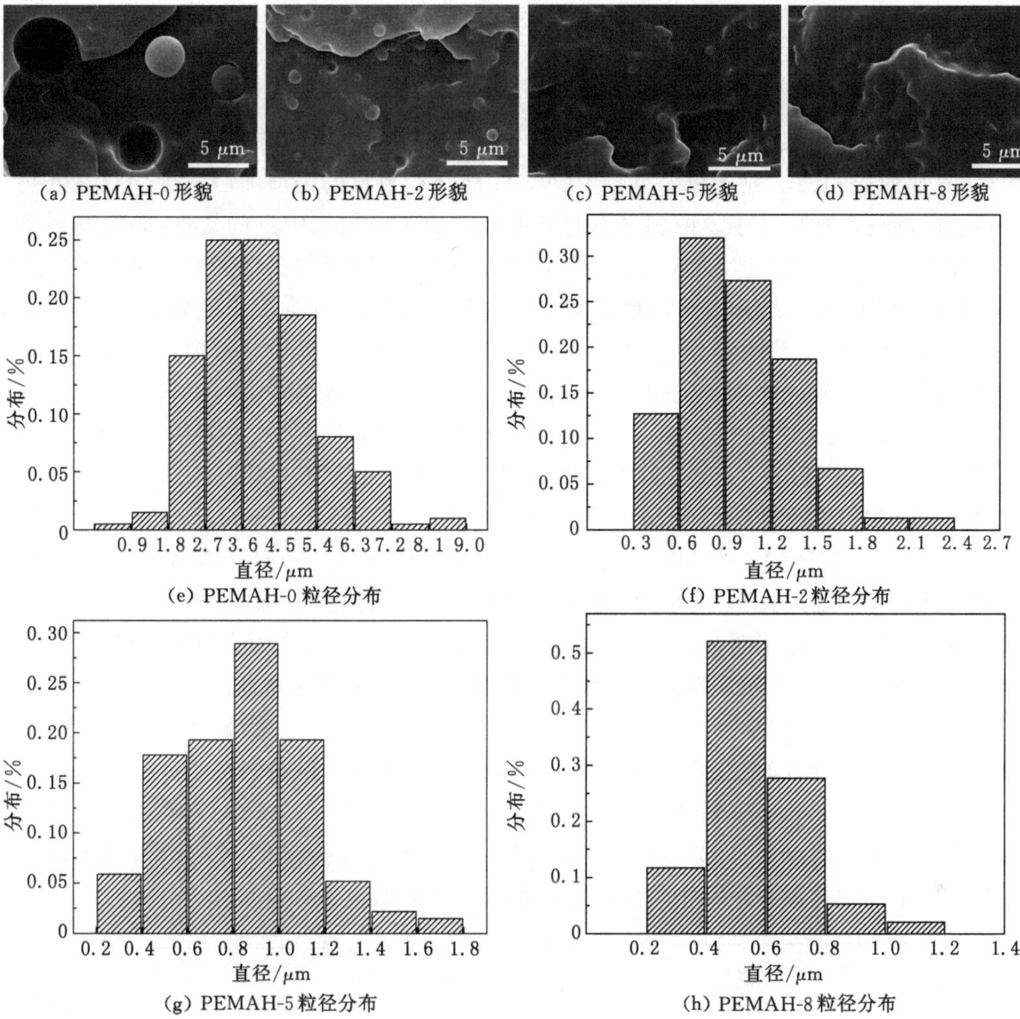

(a) PEMAH-0 形貌　(b) PEMAH-2 形貌　(c) PEMAH-5 形貌　(d) PEMAH-8 形貌

(e) PEMAH-0 粒径分布　(f) PEMAH-2 粒径分布

(g) PEMAH-5 粒径分布　(h) PEMAH-8 粒径分布

图 4-5　不同 PP-g-MAH 含量的 PP/EVOH/MAH 共混物中 EVOH 岛结构形貌和粒径分布

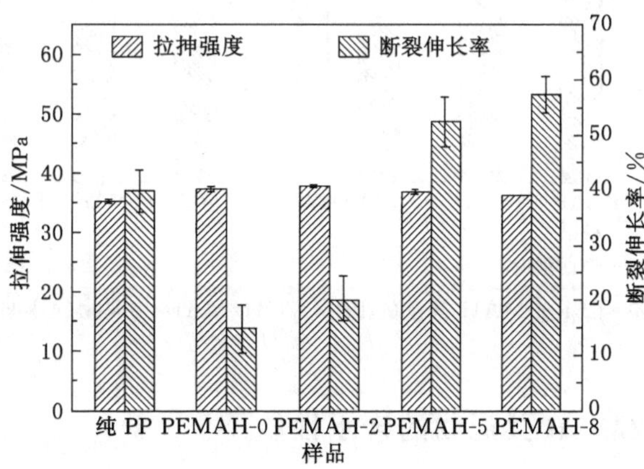

图 4-6　纯 PP 和不同 PP-g-MAH 含量的 PP/EVOH/MAH 共混物的拉伸强度与断裂伸长率

异相成核的作用,提高共混物体系结晶度,导致拉伸强度增加、断裂伸长率减小。加入 PP-g-MAH 后,PP/EVOH/MAH 共混物的拉伸强度分别为 37.75 MPa、36.77 MPa 和 36.23 MPa,断裂伸长率逐渐增加(分别为 18.45%、48.67%和 53.33%)。根据上述所述,随着 PP-g-MAH 的加入量增加,EVOH 岛结构尺寸降低,其数量先增加后减小;两相界面变得模糊,分离形成的凹坑数量减少至零。EVOH 岛结构数量的先增加后减少导致共混物体系拉伸强度的先增加后减小。两相界面的消失则减少了应力集中点的数量,导致共混物体系断裂伸长率增加。在 PEMAH-2 中 EVOH 岛结构数量的增加会增加共混物体系的成核位点,因此,PEMAH-2 结晶度增加也会增加共混物体系的拉伸强度。随着 PP-g-MAH 的进一步加入,共混物体系的相容性增加,分子链的规整度降低,在结晶时增大了链段向晶核扩散和堆砌需要克服的能垒,结晶难度增加导致共混物体系结晶完善程度降低,因此,加入过量 PP-g-MAH 后,共混物体系的拉伸强度也会略微降低,断裂伸长率增加。

图 4-7 为纯 PP 和不同 PP-g-MAH 含量的 PP/EVOH/MAH 共混物的弯曲强度和冲击强度。纯 PP、PEMAH-0、PEMAH-2、PEMAH-5 和 PEMAH-8 的弯曲强度分别为 38.72 MPa、46.11 MPa、48.82 MPa、42.62 MPa 和 41.15 MPa。随 PP-g-MAH 加入量增加,样品弯曲强度先增加后减小。这可能是以下两个原因导致的。① EVOH 熔点和强度均高于 PP,在共混物中形成了明显的海岛结构,高强度的岛结构可以作为应力集中点,诱发基体银纹化,这些银纹的产生和发展需要吸收大量的能量,从而表现为弯曲强度的提高。但随着 PP-g-MAH 的加入,EVOH 岛结构数量减少,弯曲强度逐渐减小。② EVOH 加入 PP 中起到异相成核的作用导致晶粒细化,细小的晶粒可以有效增加材料的韧性。纯 PP、PEMAH-0、PEMAH-2、PEMAH-5和 PEMAH-8 样品的冲击强度分别为 1.258 kJ/m^2、1.494 kJ/m^2、1.59 kJ/m^2、1.697 kJ/m^2、1.937 kJ/m^2。随 PP-g-MAH 加入量增加,样品冲击强度逐渐增大。晶粒的细化和共混物体系中无定型相比例的增加导致冲击强度增高。

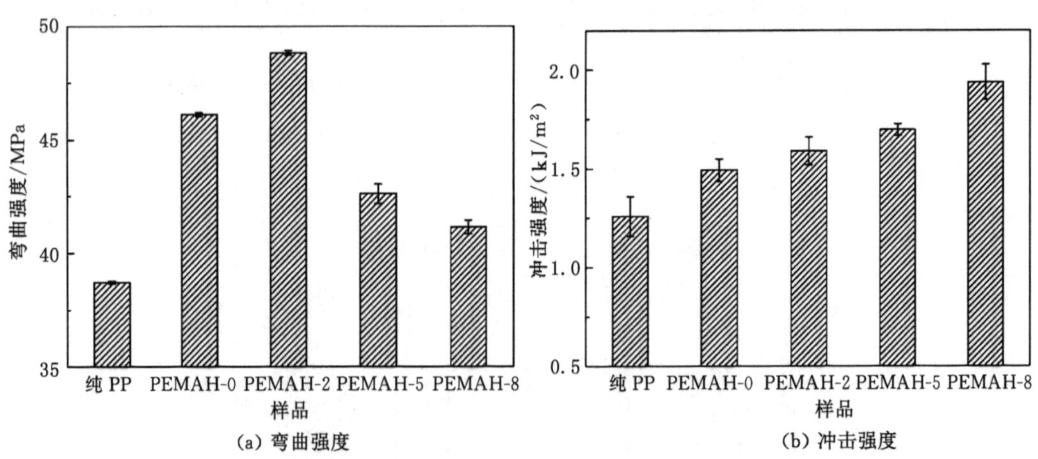

图 4-7 纯 PP 和不同 PP-g-MAH 含量的 PP/EVOH/MAH 共混物的弯曲强度和冲击强度

三、PP/EVOH/MAH 共混物的亲水性能

图 4-8 为纯 PP 和不同 PP-g-MAH 含量的 PP/EVOH/MAH 共混物的水接触角。纯 PP 水接触角为103.0°,呈现疏水性。PEMAH-0、PEMAH-2、PEMAH-5 和 PEMAH-8 样品

水接触角分别为 95.2°、92.2°、81.4°和 80.4°；随着 PP-g-MAH 的加入，其共混物水接触角逐渐减小，这表明共混物体系亲水性得到有效改善。一方面 PP-g-MAH 中含有亲水的酸酐基团；另一方面共混物体系相容性增加，亲水基团分布更均匀。因此，共混物体系表面亲水性随着 PP-g-MAH 含量的增加而逐渐改善。

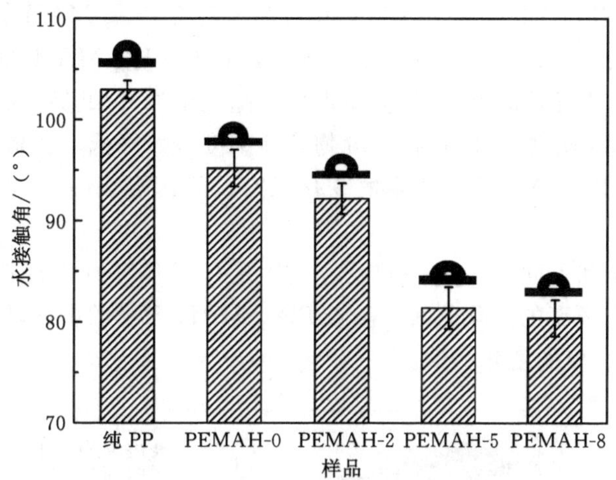

图 4-8　纯 PP 和不同 PP-g-MAH 含量 PP/EVOH/MAH 共混物的水接触角

四、PP/EVOH/MAH 共混物流变性能研究

（一）PP/EVOH/MAH 共混物的非线性流变行为

图 4-9 为纯 PP 和不同 PP-g-MAH 含量的 PP/EVOH/MAH 共混物复数黏度-温度曲线。由图 4-9 可以看出：纯 PP 和共混物的熔体黏度随着温度的降低均呈直线增加，没有出现较大差异。当 EVOH 加入后，复数黏度-温度曲线出现了三个区间变化，与纯 PP 样品存在明显差异。在 200～220 ℃区间内，因为 EVOH 在 200 ℃上呈熔体状态，共混物熔体黏度均低于纯 PP 的。由于 EVOH 在 165～200 ℃区间内结晶，共混物熔体黏度均高于纯 PP 的，但随 PP-g-MAH 加入量增加，共混物熔体黏度逐渐降低。在结晶过程中，一方面 EVOH 分子链与 PP 分子链缠绕，另一方面 EVOH 中的羟基与 PP-g-MAH 上的酸酐基团

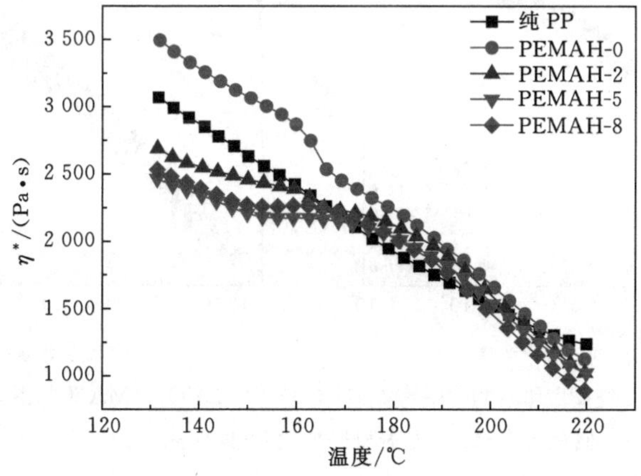

图 4-9　纯 PP 和不同 PP-g-MAH 含量 PP/EVOH/MAH 共混物的复数黏度-温度曲线

发生化学反应,结晶中的 EVOH 相起到钉扎作用,因此共混物熔体黏度增加。

（二）PP/EVOH/MAH 共混物的黏弹性分析

图 4-10 为纯 PP 和不同 PP-g-MAH 含量的 PP/EVOH/MAH 共混物的复数黏度-剪切频率曲线。所有样品复数黏度均随着剪切频率的增加而减小,呈现出典型的非牛顿流体特征。在低频剪切下,PP/EVOH/MAH 材料复数黏度随着 PP-g-MAH 加入量的增加而先增大后减小。在熔融挤出过程中,EVOH 分子链上羟基与 PP-g-MAH 的酸酐基团发生化学反应,随着 PP-g-MAH 含量的增加,反应位点数量随之增加,因此熔体黏度逐渐增大。但当 PP-g-MAH 的含量继续增加至 8%时,共混物熔体黏度开始降低。在高频区,由于受到更强的剪切作用,黏度随 PP-g-MAH 加入量的变化没有低频区那么明显,表现出黏度对频率依赖性更强。

图 4-11 为纯 PP 和不同 PP-g-MAH 含量 PP/EVOH/MAH 共混物的储能模量(G')与损耗模量(G'')随剪切频率的变化曲线。随着 PP-g-MAH 含量的增加,储能模量与损耗模量均先增加后减小,与黏度的变化一致。

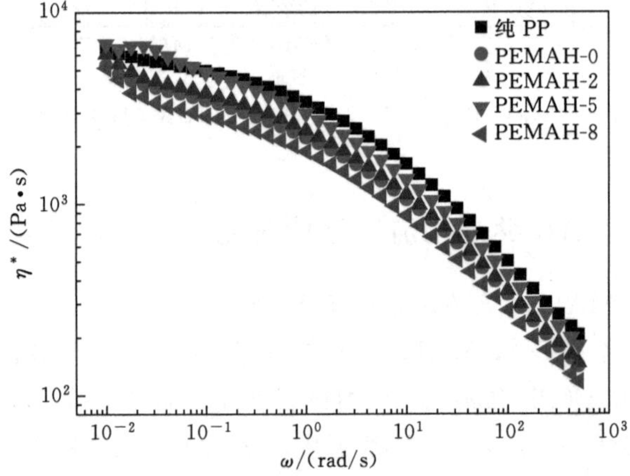

图 4-10 纯 PP 和不同 PP-g-MAH 含量的 PP/EVOH/MAH 共混物的复数黏度-剪切频率(ω)曲线

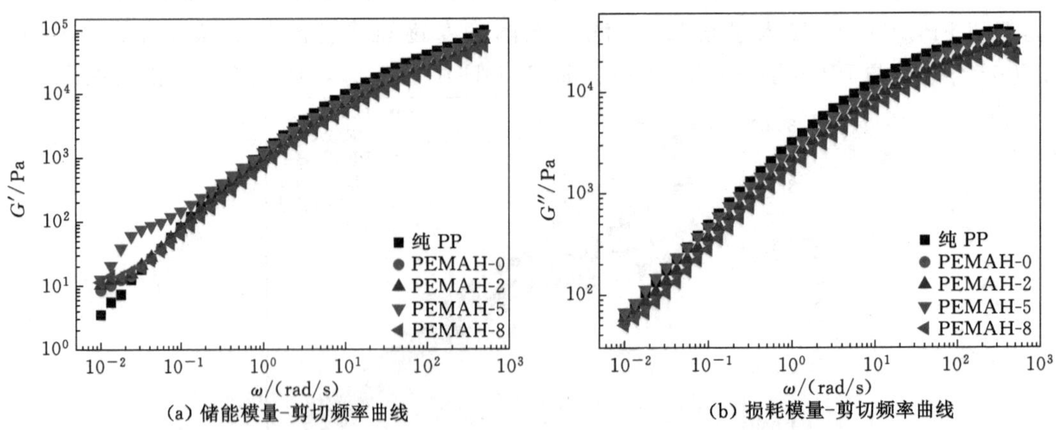

图 4-11 纯 PP 和不同 PP-g-MAH 含量 PP/EVOH/MAH 共混物的储能模量-剪切频率和损耗模量-剪切频率曲线

（三）PP/EVOH/MAH 共混物体系相容性分析

纯 PP 和不同 PP-g-MAH 含量的 PP/EVOH/MAH 共混物 Cole-Cole 曲线如图 4-12所示。均相聚合物的 Cole-Cole 曲线为半圆弧。在半圆弧的右侧出现尾巴或者第二个弧则表示不相容第二相的存在[5]。从图 4-12 中可以看出，纯 PP 为一个半圆弧，这说明纯 PP 为均相聚合物。加入 EVOH 后出现了第二个弧形或尾巴，且随着 PP-g-MAH 的加入第二个弧逐渐减小，这表明共混物体系相容性越来越好。

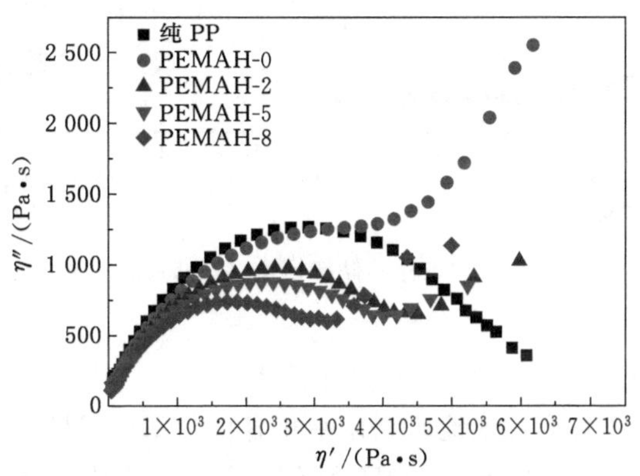

图 4-12　纯 PP 和不同 PP-g-MAH 含量的
PP/EVOH/MAH 共混物的 Cole-Cole 曲线

（四）PP-g-MAH 含量对 PP 相结晶温度的影响

图 4-13 为纯 PP 和不同 PP-g-MAH 含量的 PP/EVOH/MAH 共混物储能模量-温度曲线。由图 4-13(a)可看出，a-b 段储能模量随温度降低以斜率逐渐增加的方式缓慢上升，b-c 段储能模量以某一特定斜率迅速升高，c-d 段储能模量又开始以斜率逐渐减小的方式缓慢升高，达到最大值后保持不变。b-c 段为 PP 晶体成核阶段，b 点温度为起始成核温度，斜率表示成核速率；c-d 段为 PP 相晶体长大阶段，c 点温度为完成温度，d 点温度为 PP 相基本结晶完成温度，斜率表示生长速率[6]。因为 EVOH 起到异相成核作用，所以 PP/EVOH/MAH 共混物中 PP 相的成核温度（T_b）和生长温度（T_c）均高于纯 PP 的。随着 PP-g-MAH 含量增加，T_b和 T_c向低温方向移动。少量 PP-g-MAH 加入使共混物体系中 EVOH 岛结构尺寸减小，数量增加导致 PEMAH-2 的 T_c高于 PEMAH-0 的。随着 PP-g-MAH 加入量增加，EVOH 中的羟基与 PP-g-MAH 中的酸酐基团反应位点逐渐增多，分子链段运动受阻导致 T_b和 T_c均降低。曲线后部分 b-c 段和 c-d 段的斜率随着 PP-g-MAH 的增加逐渐减小，这说明 PP 晶体后期成核速率和晶体长大速率减小。这可能是随着 PP-g-MAH 含量增加，PP/EVOH/MAH共混物体系相容性改善所导致的。

五、PP/EVOH/MAH 共混物结晶行为研究

综上可知加入 EVOH 可以加速 PP 相的成核结晶，但加入 PP-g-MAH 来改善共混物体系相容性时又会一定程度阻碍 PP 晶体的后期成核速率和晶体长大速率，因此通过偏光显微镜和 XRD 进一步佐证改善 PP/EVOH/MAH 体系相容性对共混物中 PP 相结晶行为的影响。

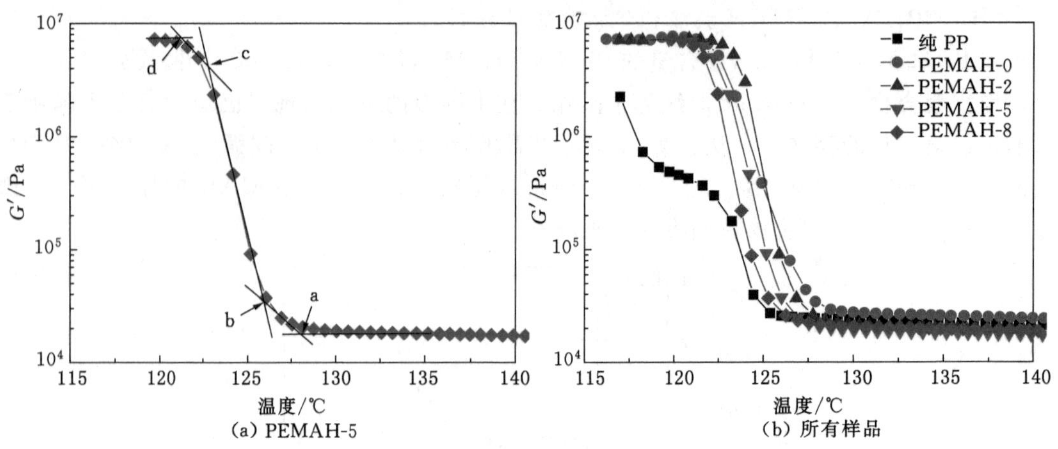

(a) PEMAH-5　　(b) 所有样品

图 4-13　样品储能模量-温度曲线

（一）PP/EVOH/MAH 共混物中 PP 相球晶生长

图 4-14 为采用偏光显微镜直观地研究体系相容性对 EVOH 促进 PP 球晶在成核生长过程中的影响。记录了纯 PP 和 PP/EVOH/MAH 共混物等温过程中的成核生长过程。纯 PP 样品在等温结晶 40 min 后仍有部分非晶相，PP 晶体的聚集体为二维生长的晶体组成的三维球晶($n=2$)。由图 4-14 可见，加入 EVOH，PEMAH-0 中 PP 相完全结晶时间缩短为 20 min。加入 PP-g-MAH 后，PP/EVOH/MAH 共混物的完全结晶时间进一步缩短，PEMAH-2、PEMAH-5 和 PEMAH-8 的完全结晶时间分别为 6 min，6 min 和 12 min。PP/EVOH/MAH共混物中 PP 相成核密度明显都高于纯 PP 样品，球晶形貌发展都显示出异相成核过程，随后是三维和二维晶体的生长，这证实了 EVOH 能够有效地推动了 PP 相的成核结晶过程。在加入少量 PP-g-MAH 后，EVOH 岛结构尺寸明显减小，数量增多，两相界面数量增多，成核位点增多，进一步促进共混物中 PP 相成核结晶过程。但是进一步添加 PP-g-MAH 后，EVOH 中的羟基与 PP-g-MAH 中的酸酐基团反应位点逐渐增多，分子链段运动受阻也越严重，导致完全结晶时间延长，球晶长大速率变缓，这也佐证了流变的分析结果。

在完全结晶后，纯 PP 样品中可明显观察到均匀的球晶和晶界，几乎所有球晶都具有大约为 100 μm 的直径。加入 EVOH 后，PP/EVOH/MAH 共混物中出现了尺寸不均一的球晶，成核位点密度分散区域球晶尺寸相对较大约为 80 μm。由于单独加入 EVOH 时，两相相容性差，EVOH 岛结构尺寸较大，成核位点相对分布不均，因此成核位点集中区域由于球晶间的相互挤压导致球晶尺寸较小。随着 PP-g-MAH 进一步加入以改善共混物体系相容性，共混物中的 PP 相球晶尺寸逐渐减小，晶界也变得越来越模糊。一方面，共混物中 PP 相成核位点显著增加，球晶在生长过程中相互间挤压作用也增强，因此球晶尺寸也逐渐减小。另一方面，由于 PP-g-MAH 与 EVOH 发生反应，分子链间相互作用力增强，阻碍 PP 分子链进一步排入晶格导致球晶尺寸也会减小。

（二）PP/EVOH/MAH 共混物中 PP 相晶型和结晶度

EVOH 明显可以改变 PP 的成核速率与晶体的生长方式，加入少量 PP-g-MAH 可以进一步促进成核结晶过程。为了探究改善共混物体系相容性后 EVOH 对 PP 相晶型的影响，

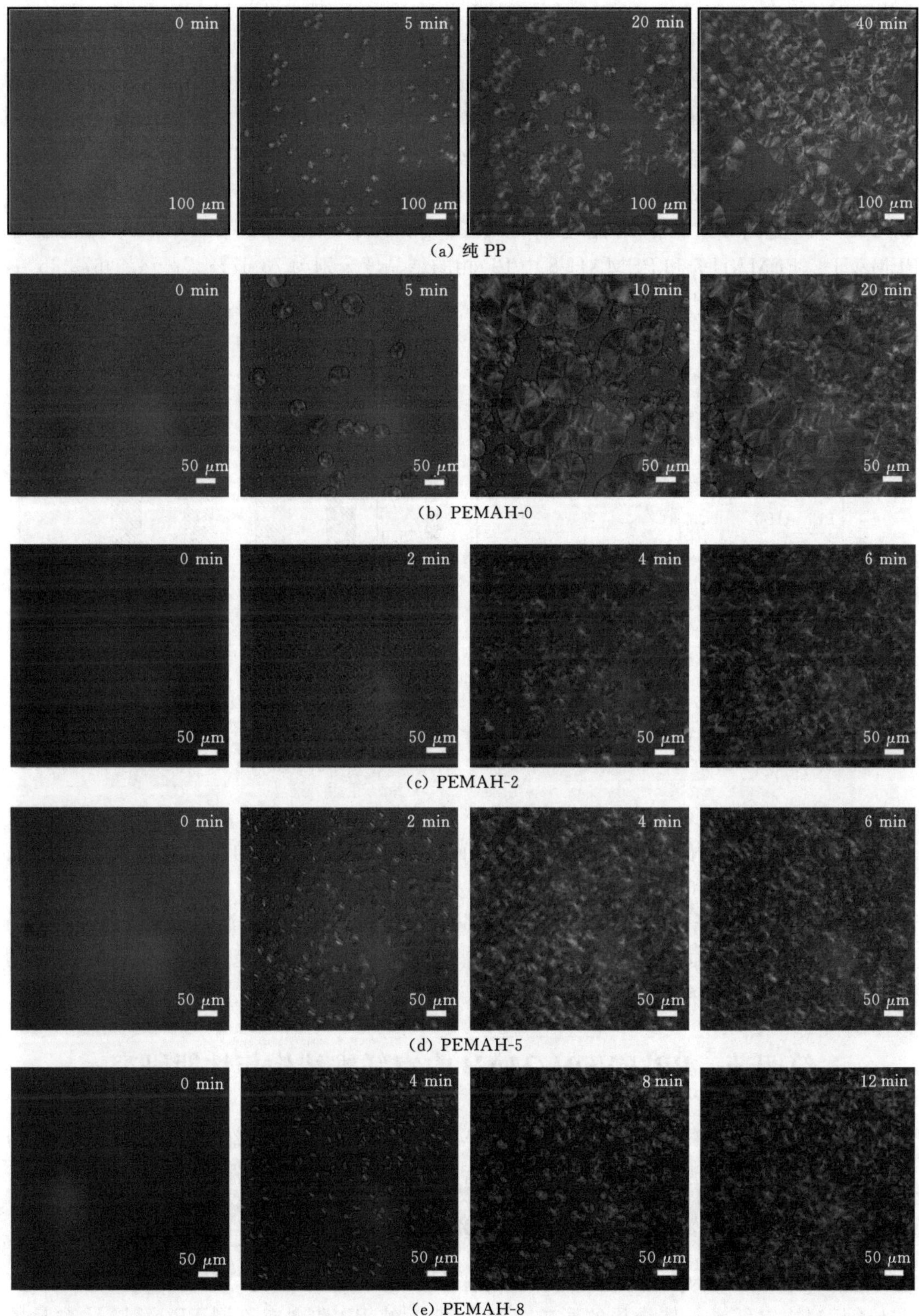

图 4-14　PP/EVOH/MAH 共混物等温结晶过程中晶体形貌随时间的变化情况

采用XRD研究纯PP和PP/EVOH/MAH共混物的晶型变化。纯PP和PP/EVOH/MAH共混物的XRD曲线如图4-15(a)所示，所有样品的衍射峰均出现在$2\theta=14.0°$，16.8°，18.5°，21.7°，25.4°和16.0°，分别对应着α晶面(110)，(040)，(130)，(131)，(060)以及β晶面(300)。XRD衍射图证实了改善共混物体系相容性后EVOH也没有影响PP/EVOH/MAH共混物中PP相的晶型。图4-15(b)为纯PP和PP/EVOH/MAH共混物中PP相的结晶度。纯PP的结晶度为77.95%，PEMAH-0中PP相的结晶度增加为79.58%，这说明EVOH可以提高PP相的结晶度。加入PP-g-MAH后，PP/EVOH/MAH共混物中PEMAH-2、PEMAH-5和PEMAH-8中PP相的结晶度分别为78.67%、77.58%和72.98%，随PP-g-MAH加入量增加逐渐减小。PP-g-MAH与EVOH发生反应，分子间作用增强，阻碍PP分子链排入晶格，因此，共混物中PP相结晶度逐渐降低。

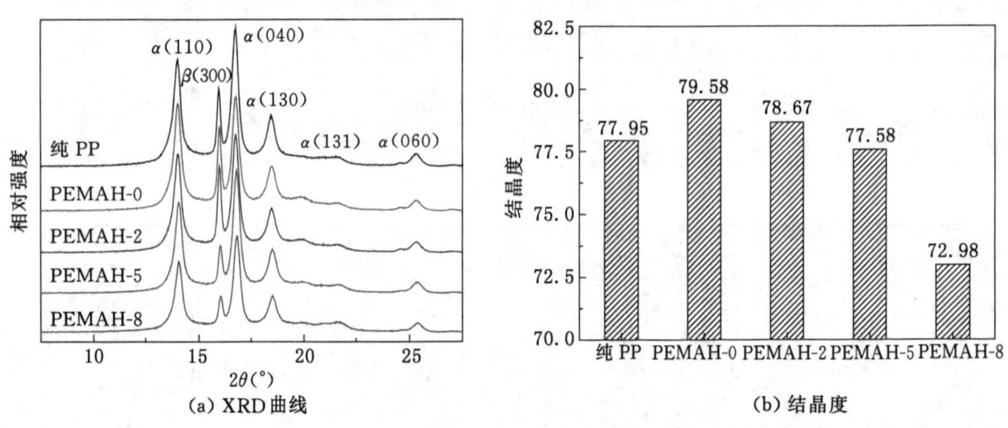

图4-15 纯PP和不同PP-g-MAH含量的PP/EVOH/MAH共混物的XRD曲线和结晶度

综上所述，PP/EVOH/MAH共混物中形成了典型的海岛结构，在两相间形成了随着PP-g-MAH含量增加相互作用逐渐增强的界面。EVOH作为PP的有效成核剂，显著提高了PP相的成核速率和成核密度，明显减小完全结晶后的晶体尺寸。但PP-g-MAH与EVOH发生反应，分子间作用增强，阻碍PP分子链排入晶格导致共混物后期成核速率与晶体生长速率降低。增加共混物体系相容性后没有改变PP晶体结构，但逐渐降低了PP相的结晶度。因此通过改善PP/EVOH/MAH共混物体系相容性有望实现双微孔结构的调控。

第四节　PP/EVOH/MAH中空纤维结构与性能研究

将不同PP-g-MAH含量的PP/EVOH/MAH共混物经过熔融纺丝工艺制备得到初纺PP/EVOH/MAH中空纤维，经150 ℃热处理1 h得到热处理中空纤维。

一、PP/EVOH/MAH中空纤维的DSC分析

中空纤维晶体结构决定了膜结构，因此采用DSC分析了PP/EVOH/MAH体系相容性改善后对中空纤维晶体结构的影响。图4-16为纯PP和含有不同PP-g-MAH含量的PP/EVOH/MAH中空纤维热处理前后DSC熔融曲线，相关熔融曲线参数已列入表4-3中。纯PP中空纤维热处理前后的DSC曲线在164 ℃附近存在单一的PP吸热峰。

PP/EVOH/MAH中空纤维热处理前后分别在165 ℃和187 ℃附近出现PP和EVOH的放热峰。单独添加10% EVOH后，中空纤维热处理前后PP相吸热峰峰值温度均向高温方向移动，这说明PP相的晶体完善度增加。在加入PP-g-MAH后，中空纤维热处理前后PP相吸热峰峰值温度向低温方向移动，说明PP相的晶体完善度降低。对于EVOH相，加入PP-g-MAH后，EVOH的吸热峰逐渐向低温方向移动，这说明两相间相容性得到改善。通过式(4-1)计算热处理前后中空纤维结晶度可知，热处理前PEMAH-0的结晶度(39.13%)高于纯PP的，在加入PP-g-MAH后PEMAH-2、MAHH-5和PEMAH-8结晶度逐渐减小。中空纤维经过150 ℃热处理后，所有样品的结晶度均有增加，但PP/EVOH/MAH中空纤维的结晶度仍然随PP-g-MAH含量增加逐渐减小，这与共混物中PP相结晶度的变化一致。由于PP-g-MAH会阻碍PP分子链段排入晶格，随着PP-g-MAH含量的增加，PP/EVOH/MAH中空纤维中PP相的结晶度逐渐减小。

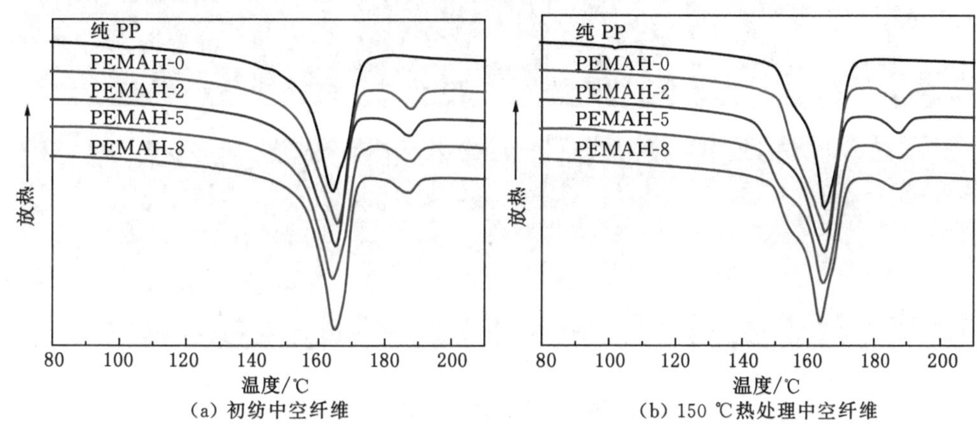

图4-16　纯PP和PP/EVOH/MAH中空纤维热处理前后熔融曲线

表4-3　纯PP和PP/EVOH/MAH中空纤维的DSC参数

样品		纯PP	PEMAH-0	PEMAH-2	PEMAH-5	PEMAH-8
初防中空纤维	T_{p1}/℃	164.42	165.67	165.07	164.15	157.70
	ΔH/(J/g)	78.82	72.89	73.02	73.29	69.83
	X_c/%	38.08	39.13	39.11	39.13	37.18
	T_{p2}/℃		188.12	187.41	187.55	187.42
热处理中空纤维	T_{p1}/℃	164.87	165.12	165.03	164.72	163.2
	ΔH/(J/g)	84.98	88.01	88.44	89.22	82.13
	X_c/%	41.05	47.24	47.37	47.63	43.73
	T_{p2}/℃		187.94	187.79	187.68	187.65

二、PP/EVOH/MAH中空纤维中两相形貌

图4-17为所有热处理中空纤维外表面形貌，纯PP中空纤维外表面仍为均相形貌结构。在单独加入EVOH后，中空纤维外表面仍呈现均相形貌结构。EVOH相完全结晶后PP相

仍为熔体，在纺丝过程中除了沿着拉伸方向存在高应力以外，在垂直于拉伸方向也存在着应力。由于 PP 相与 EVOH 相为不相容体系，表面的 EVOH 岛结构在垂直于拉伸方向的应力作用下向内部滑动，因此，PEMAH-0 表面呈现出均相形貌。当加入相溶剂 PP-g-MAH 后，两相间存在相互缠绕的界面，阻碍了 EVOH 岛结构向内部滑动，因此 PEMAH-2、PEMAH-5 和 PEMAH-10 中空纤维外表面均呈现出典型的海岛状结构。通过对尺寸粒径统计(图 4-18)，PEMAH-2、PEMAH-5 和 PEMAH-10 中空纤维外表面的 EVOH 岛结构平均尺寸分别为 1.67 μm、1.22 μm 和 1.04 μm，随 PP-g-MAH 加入量增加逐渐减小，表面岛结构的岛结构尺寸变得越来越均一，这些现象的存在均是纤维体系相容性增加所致的。

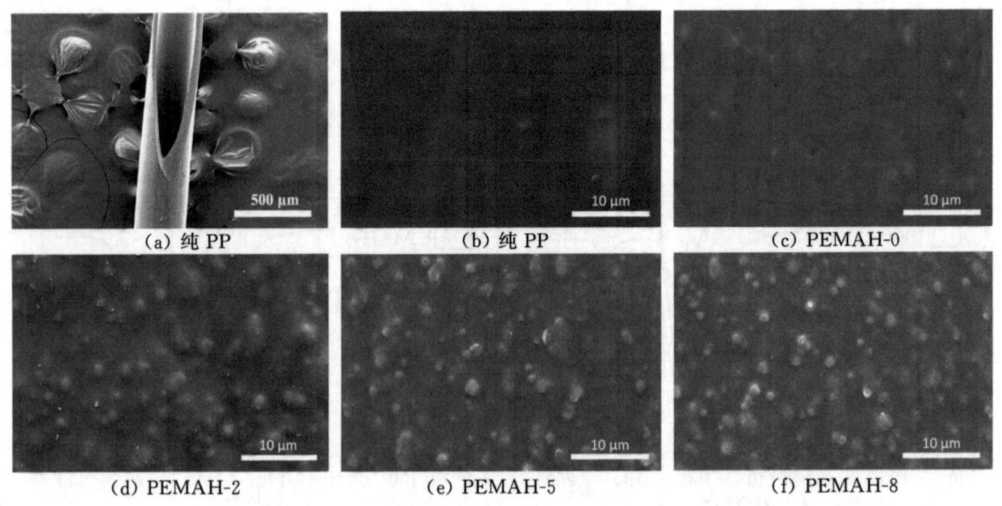

(a) 纯 PP　(b) 纯 PP　(c) PEMAH-0
(d) PEMAH-2　(e) PEMAH-5　(f) PEMAH-8

图 4-17 热处理中空纤维外表面形貌

三、PP/EVOH/MAH 中空纤维中片晶结构分析

为了考察在高应力下 PP/EVOH/MAH 体系相容性改善后对中空纤维微观晶体结构的影响，采用 SAXS 分析了所有热处理中空纤维晶体结构。图 4-19 为热处理纯 PP 和 PP/EVOH/MAH中空纤维 SAXS 散射图。纯 PP 样品散射图像中赤道方向出现明显的亮条纹，子午线方向存在亮度不同的斑点。赤道方向条纹说明样品中存在 Shish 结构，子午线方向的斑点说明有 Kebab 结构存在，子午线方向上亮度较大的斑点与结构中完全结晶的片晶相对应，强度较弱的两个亮斑则与结构中过渡区域也就是非晶区域与结晶区之间的过渡区域相对应[7]。由图 4-19 可见，所有样品在纺丝过程中均形成了 Shish-Kebab 结构。PEMAH-0 样品在子午线方向上的两个亮斑基本消失，说明结构中的过渡区域比例较少，这与 DSC 的结果一致。在加入 PP-g-MAH 后，子午线方向上的两个亮斑又重现，亮度随着 PP-g-MAH 的加入稍有减弱，说明纤维中的过渡区域比例增加，随 PP-g-MAH 含量增加逐渐减少。中空纤维中的 Shish-Kebab 结构是在应力诱导下形成的，单独添加 EVOH 时由于纤维体系为不相容体系，形成的大尺寸岛结构阻碍了应力的传递，导致纤维中 Shish-Kebab 结构相对较少。由于 EVOH 具有较强的异相成核效率，能够加速 PP 相的结晶导致 PEMAH-0 中的过渡区域比例减少。当加入 2%PP-g-MAH 后，纤维体系相容性增加，两相界面起到传递应力的作用，样品中 Shish-Kebab 结构相对增多，同时分子链锻的移动和重排

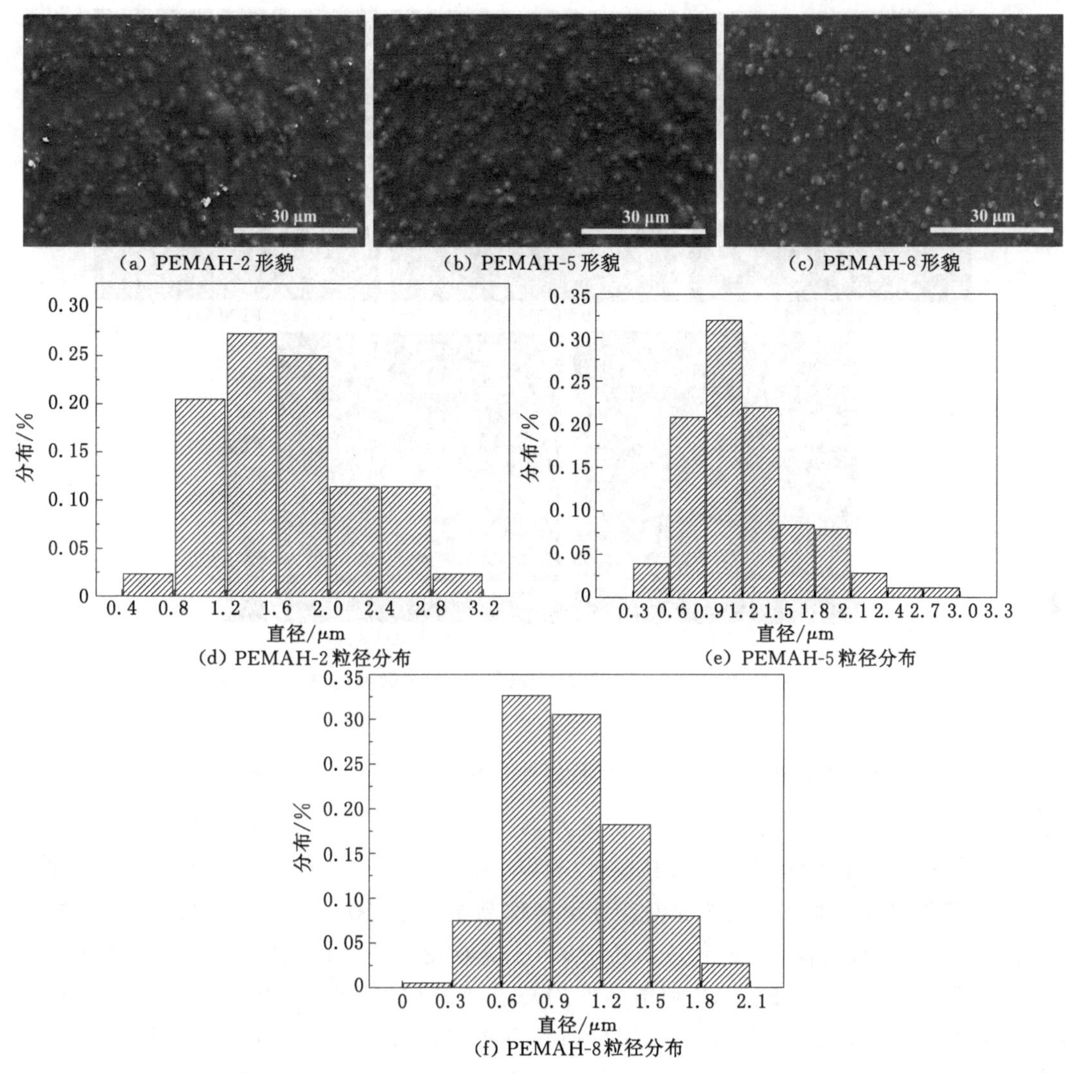

图 4-18　热处理 PP/EVOH/MAH 中空纤维中 EVOH 岛结构形貌和粒径分布

受到的限制也在增强，导致样品中的过渡区域比例增加。当继续加入 PP-g-MAH 时，由于分子链锻受到的限制增强，因此过渡区逐渐转变为非晶区，非晶区比例增加。

表 4-4　热处理中空纤维散射曲线一阶导数曲线相关参数

样品	纯 PP	PEMAH-0	PEMAH-2	PEMAH-5	PEMAH-8
L/nm	21.6	19.9	19.9	19.5	19.7
L_c/nm	5.4	5.35	5.1	4.8	4.5
L_{tr}/nm	3.4	3.3	3.5	3.4	3.3
L_a/nm	9.4	7.95	8.0	7.9	8.4

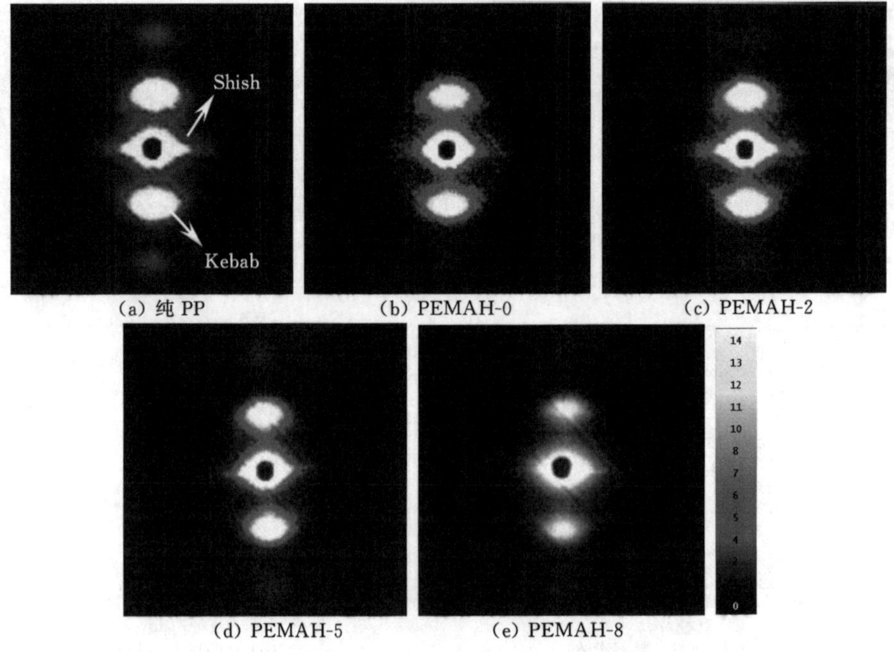

图 4-19 热处理中空纤维 SAXS 散射图

通过一阶相关函数曲线(图 4-20)求得热处理中空纤维中晶体长周期 L、实际片晶厚度 L_c、平均片晶厚度 $\overline{L}_c$、过渡区厚度 L_{tr}以及非晶区厚度 L_a来分析纤维中片晶结构的变化[7]，相关参数已列入表 4-4。当加入 PP-g-MAH 后，热处理 PP/EVOH/MAH 中空纤维的 L、L_c和 L_{tr}逐渐减小。根据表 4-5 数据计算出各样品结晶区(RF)、过渡区(RAF)以及非晶区(MAF)所占比例，如表 4-5 所示。由于 EVOH 具有较强的异相成核作用，能够加速 PP 相的结晶，PEMAH-0 的 RF、RAF 和结晶度均高于纯 PP 的。加入 PP-g-MAH，由于纤维体系相容性逐渐改善限制了分子链锻的移动和重排，热处理 PP/EVOH/MAH 中空纤维的 RF、RAF 和结晶度随 PP-g-MAH 加入量增加逐渐减小。

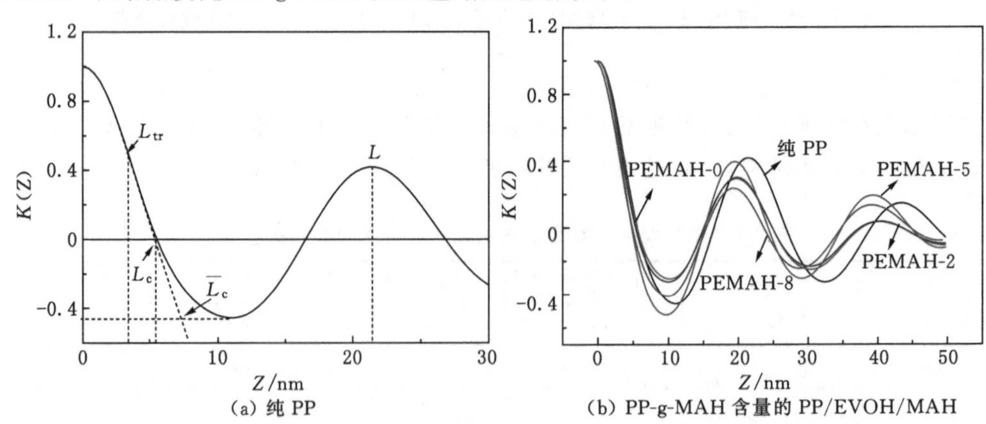

图 4-20 热处理中空纤维电子云密度相关函数曲线

表 4-5　热处理中空纤维的结晶区(RF)、过渡区(RAF)以及非晶区(MAF)所占比例

样品	纯 PP	PEMAH-0	PEMAH-2	PEMAH-5	PEMAH-8
RF/%	25	26.9	25.6	24.6	22.8
RAF/%	31.5	33.2	35.2	34.9	33.5
MAF/%	43.5	39.9	39.2	40.5	42.6
X_c/%	56.5	60.1	60.8	59.5	56.3

四、PP/EVOH/MAH 中空纤维中片晶取向分析

图 4-21 为热处理纯 PP 与 PP/EVOH/MAH 中空纤维的二维 X 射线衍射(WAXD)图。由图 4-21(a)可见，从内到外第一个圆环对应 110 晶面，第二个圆环对应 040 晶面，圆弧越锋锐和清晰对应着片晶的取向越好[8]。纯 PP 样品具有较好的取向，PEMAH-0 的圆弧相比纯 PP 样品变得更宽与模糊钝化。在加入 PP-g-MAH 后，样品的圆弧又变得锋锐和清晰。加入 8% PP-g-MAH，圆弧又变宽与模糊钝化。

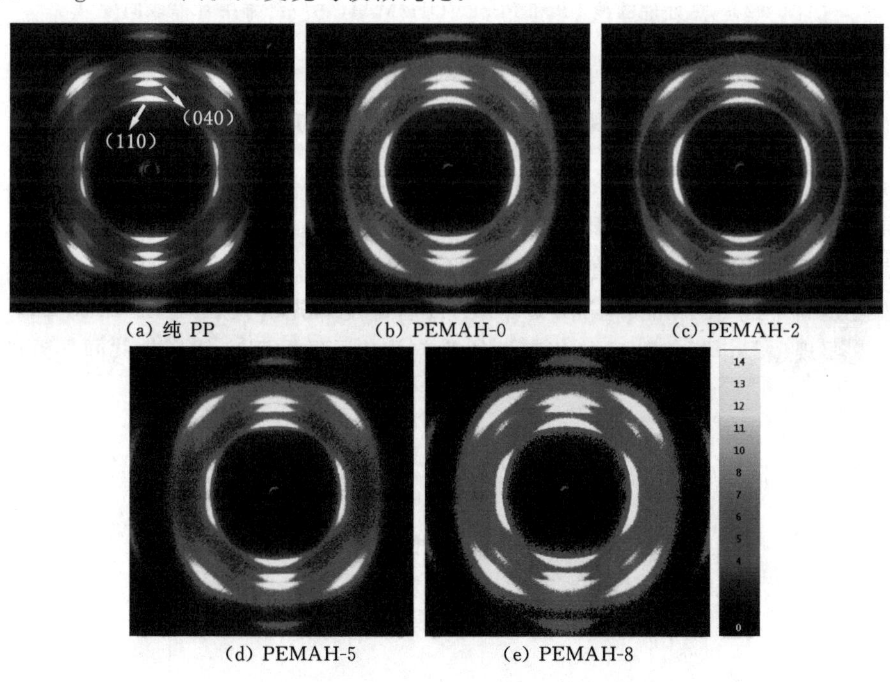

(a) 纯 PP　(b) PEMAH-0　(c) PEMAH-2　(d) PEMAH-5　(e) PEMAH-8

图 4-21　热处理中空纤维 WAXD 图

通过 Herman 取向函数计算得到热处理纯 PP 与 PP/EVOH/MAH 中空纤维中片晶的取向度(图 4-22)[9]。纯 PP 样品中片晶的取向度为 0.86，PEMAH-0 样品的为 0.511。加入 PP-g-MAH，中空纤维中片晶取向度发生明显变化，PEMAH-2、PEMAH-5 和 PEMAH-8 的片晶取向度分别为 0.674、0.778 和 0.733。PP-g-MAH 的加入量存在一个极值现象，即当加入 5% PP-g-MAH 时样品取向度达最大值。因为单独添加 EVOH 时，纤维体系为不相容体系，形成的大尺寸岛结构阻碍了应力的传递导致样品中片晶取向较差。当加入 PP-g-MAH 后，纤维体系相容性增加，两相界面起到传递应力的作用，纤维中片晶的取向增加。

但随着 PP-g-MAH 添加量增大，过度阻碍了分子链锻的移动，纤维中片晶结构取向又开始降低。

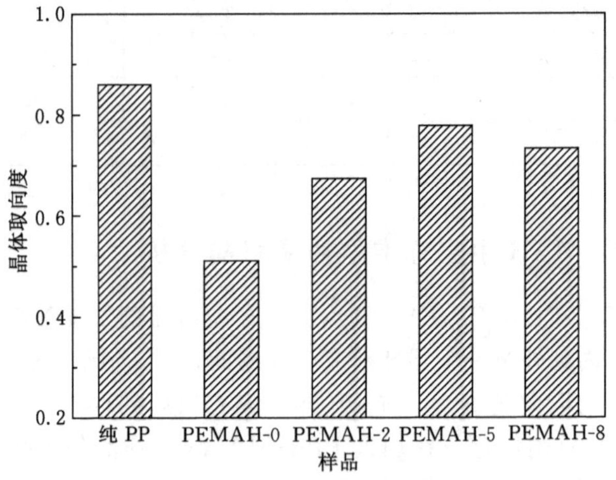

图 4-22 热处理的纯 PP 和 PP/EVOH/MAH 中空纤维中片晶取向度

五、PP/EVOH/MAH 体系相容性对中空纤维力学性能的影响

图 4-23 为所有热处理中空纤维的应力-应变曲线。不相容界面的存在导致 PEMAH-0 样品的屈服点与强度均低于纯 PP 样品。加入 PP-g-MAH 后，PP/EVOH/MAH 中空纤维的屈服点均高于纯 PP 样品的，随 PP-g-MAH 含量增加逐渐降低；PP/EVOH/MAH 中空纤维的强度也高于纯 PP 样品，但随 PP-g-MAH 含量增加先增大后减小，PEMAH-5 样品达最大值。这些现象是由纤维体系的相容性的改善与片晶取向程度的变化共同导致的。

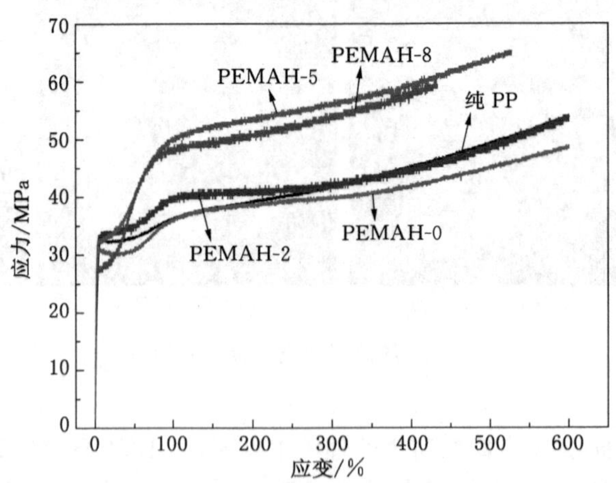

图 4-23 热处理纯 PP 和 PP/EVOH/MAH 中空纤维的应力-应变曲线(拉伸速率为 50 mm/min)

图 4-24 为热处理纯 PP 和 PP/EVOH/MAH 中空纤维的 5 次应力-应变循环曲线和弹性回复率。由图 4-24 可见，所有样品均具有相同的特征，即有较好的硬弹性行为和较高的弹性回复率，这说明所有样品均具有拉伸成膜的条件。对所有样品进行弹性回复率测试，结

果如图 4-24(f)所示。纯 PP 样品弹性回复率为 98.0%，PEMAH-0，PEMAH-2，PEMAH-5 和 PEMAH-8 的弹性回复率分别为 92.0%，93.0%，95.6%和 92.7%，均低于纯 PP 样品。通常来说，片晶取向度越好，片晶越完善(即不稳定的微小片晶数较少)，纤维弹性回复率越高。加入 EVOH，由于存在不相容的两相界面和片晶取向度降低，纤维回复率降低。随着 PP-g-MAH 的引入，纤维体系相容性增加，EVOH 岛结构尺寸减小，片晶的完善度及取向度增加，因此弹性回复率增加。加入 8% PP-g-MAH 时，过度阻碍了分子链锻的移动，PEMAH-8样品中片晶完善度和取向变差导致弹性回复率降低。

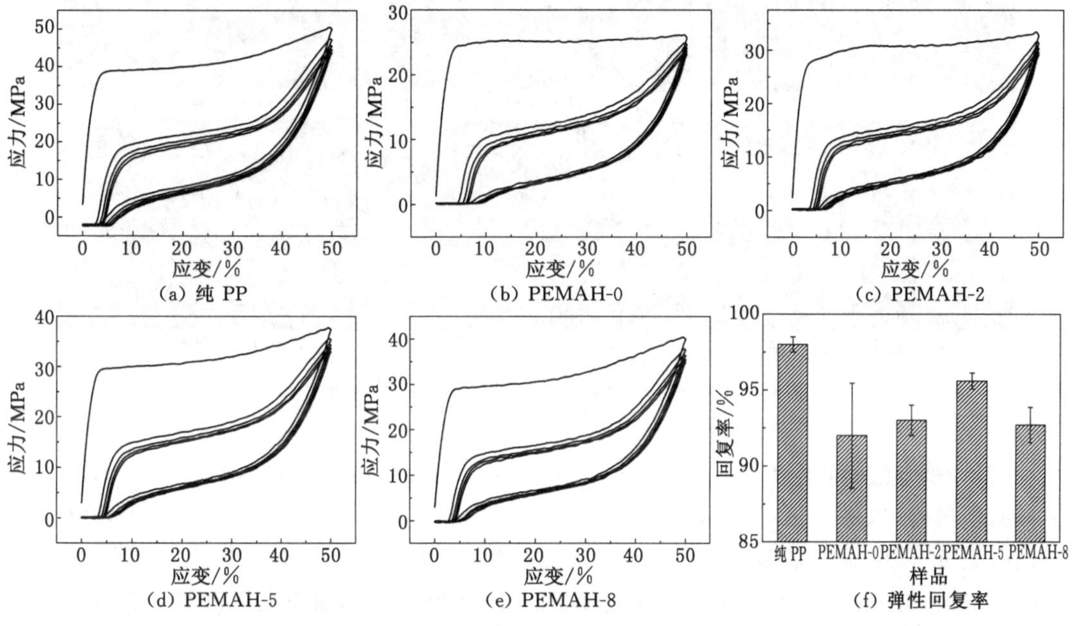

图 4-24　热处理中空纤维的五个加载-卸载周期

第五节　双微孔亲水 PP/EVOH/MAHPPHFM 微结构形成与调控

150 ℃热处理后的不同 PP-g-MAH 含量的 PP/EVOH/MAH 中空纤维在室温下冷拉伸 20%，升温至 140 ℃后热拉伸 180%(即总拉伸比例为 200%)，140 ℃恒温 1 h 后自然冷却至室温得到具有双微孔结构的 PEMAH-HFMs。

一、双微孔亲水 PP/EVOH/MAH 中空纤维膜微结构形貌

图 4-25 为总拉伸比为 200%的 PPHFM 和不同 PP-g-MAH 含量的 PEMAH-HFMs 内表面形貌。在 PPHFM 中可以清楚地观察到微纤维均匀分布在微孔结构中。在 PEMAH-HFMs 中，则形成了双微孔结构，存在于两相界面间的大微孔均匀地分布在片晶分离形成的小微孔结构中。在 PEMAH-0-HFM 中，小微孔的分布变得混乱，大微孔孔径较大，EVOH 形成的岛结构变为椭圆形。在加入 PP-g-MAH 后，小微孔分布均一性有所增加，随着 PP-g-MAH 的加入逐渐变好。这主要由两个原因导致，一方面，在应力诱导结晶过程中，增容后的两相界面起到传递应力作用，片晶取向度增加；另一方面，在 PP-g-MAH 作用下

EVOH 岛结构尺寸变小、数量增加，EVOH 成核密度增加使片晶变薄。对于大微孔结构，由于随 PP-g-MAH 含量增加，EVOH 岛结构尺寸变小，两相界面相互作用逐渐增强，两相分离难度增大，大微孔孔径逐渐减小。在大微孔结构中，也明显观察到少量沿着拉伸方向的微纤维存在，并且随 PP-g-MAH 含量增加微纤维数量逐渐增多。

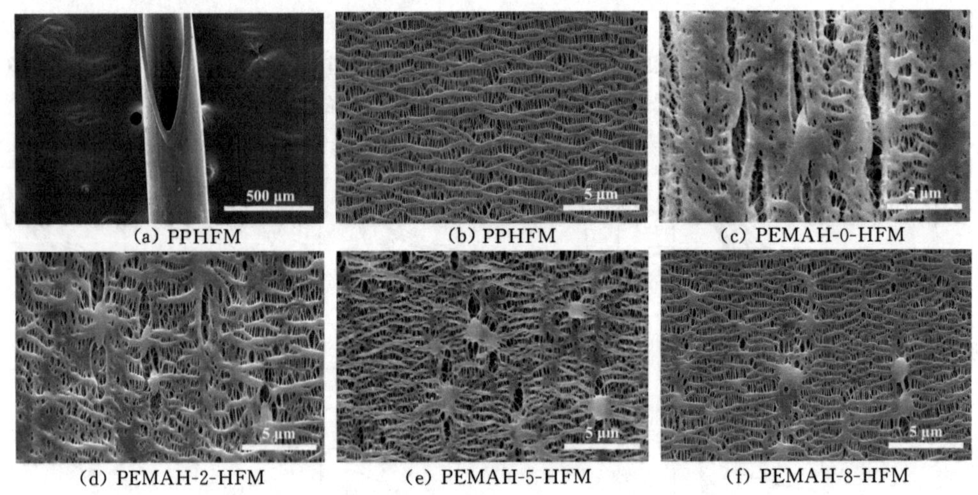

(a) PPHFM (b) PPHFM (c) PEMAH-0-HFM
(d) PEMAH-2-HFM (e) PEMAH-5-HFM (f) PEMAH-8-HFM

图 4-25 拉伸 200%的中空纤维膜内表面

图 4-26 为总拉伸比为 200%的 PPHFM 和不同 PP-g-MAH 含量的 PEMAH-HFMs 的纵向截面形貌，以进一步说明体系相容性对双微孔结构的影响。由图 4-26 可见，PPHFM 的纵向截面形貌与内表面形貌结构相同，这说明 PPHFM 具有几乎各向同性的结构[图 4-26(a)和图 4-26(b)]。由于片晶叠加，在 PPHFM 中可以观察到膜孔贯通性较差。单独加入 EVOH 后(PEMAH-0-HFM)，膜壁内形成了双微孔结构。在 PEMAH-0-HFM 中尽管有大微孔结构存在，但由于小微孔结构不均一，膜贯通性仍然较差。在加入 PP-g-MAH 后，小微孔结构变得均一，大微孔孔径逐渐减小。双微孔结构中的大微孔有效地减少

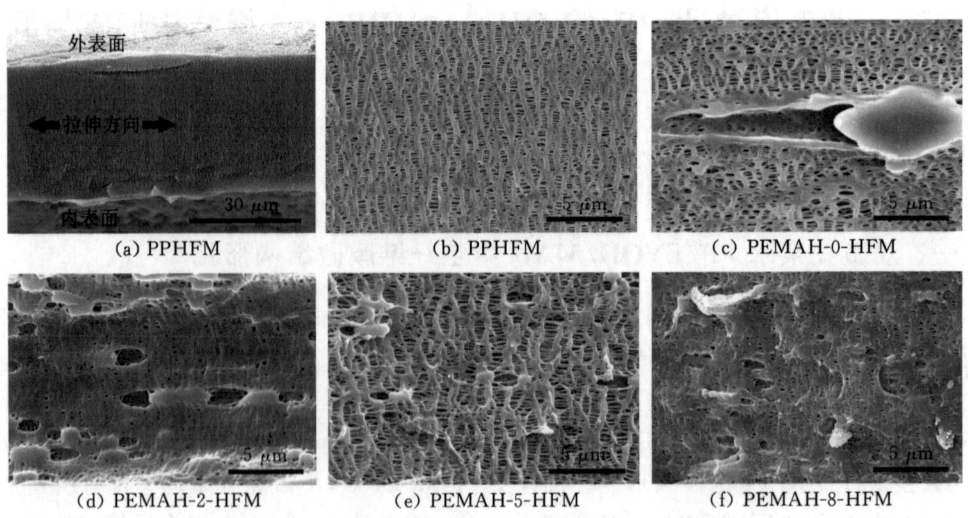

(a) PPHFM (b) PPHFM (c) PEMAH-0-HFM
(d) PEMAH-2-HFM (e) PEMAH-5-HFM (f) PEMAH-8-HFM

图 4-26 拉伸 200%的中空纤维膜纵截面

了片晶叠加区域，提高了膜孔贯通性。同时可以看出，大微孔的孔径随 PP-g-MAH 含量增加逐渐减小。在所有 PEMAH-HFMs 样品中，PEMAH-5-HFM 形成的双微孔结构最为完善，与内表面的形貌结果一致。

二、双微孔亲水 PP/EVOH/MAH 中空纤维膜孔径分布

图 4-27 显示了总拉伸比为 200%的 PPHFM 和不同 PP-g-MAH 含量的 PEMAH-HFMs 的孔径分布曲线，孔结构的相关数据已列入表 4-6 中。PPHFM 的孔径分布曲线中均存在单一分布峰，峰值孔径为 226.6 nm。PEMAH-HFMs 的孔径分布曲线中出现了两个分布峰，这说明在 PEMAH-HFMs 中明显形成了双微孔结构。对于片晶分离形成的小微孔，PEMAH-0-HFM，PEMAH-2-HFM，PEMAH-5-HFM 和 PEMAH-8-HFM 的峰值孔径分别为 183.0 nm，183.4 nm，183.2 nm 和 150.8 nm。PP-g-MAH 含量小于 5%时峰值孔径没有发生明显变化，PP-g-MAH 含量增加至 8%时峰值孔径开始减小。PEMAH-0 和 PEMAH-2 中空纤维片晶取向度较低导致片晶受力不均，所以 PEMAH-0-HFM 和 PEMAH-2-HFM 中小微孔孔径没有增加。对于相界面分离形成的大微孔，PEMAH-0-HFM，PEMAH-2-HFM，PEMAH-5-HFM 和 PEMAH-8-HFM 的峰值孔径分别为3 194 nm，4 144 nm，3 209 nm 和 2 089 nm。PEMAH-0-HFM 的峰值孔径虽然为 3 194 nm，但在 10 μm 左右出现第三个分布峰。因此，可以认为随着 PP-g-MAH 含量的增加，大微孔孔径逐渐减小，这佐证了 FESEM 的结论。

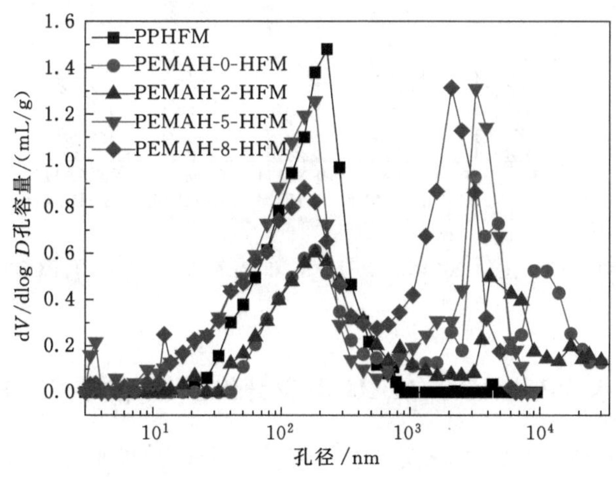

图 4-27　拉伸 200%的 PPHFM 和 PEMAH-HFMs 孔径分布曲线

表 4-6　膜结构参数

样品	PPHFM	PEMAH-0-HFM	PEMAH-2-HFM	PEMAH-5-HFM	PEMAH-8-HFM
$D_o/\mu m$	453	446	458	459	455
$D_i/\mu m$	348	345	352	353	349
D_{min}/nm	226.6	183.0	183.4	183.2	150.8
D_{max}/nm		3194	4 144	3 209	2 089

注：D_{min}—小微孔峰值孔径；D_{max}—大微孔峰值孔径。下同。

三、双微孔亲水 PP/EVOH/MAH 中空纤维膜孔隙率

图 4-28 为总拉伸比为 200%的 PPHFM 和不同 PP-g-MAH 含量的 PEMAH-HFMs 的孔隙率。PPHFM 孔隙率为 64.0%，单独加入 EVOH 的 PEMAH-0-HFM 孔隙率达 74.9%，可以看出尽管 PEMAH-0-HFM 双微孔结构中小微孔分布不均匀，但大尺寸的大微孔存在，也可以明显提高膜孔隙率。加入 PP-g-MAH 后，PEMAH-2-HFM、PEMAH-5-HFM 和 PEMAH-8-HFM 的孔隙率分别为 79.9%、81.5%和 68.3%，随着 PP-g-MAH 含量增加先增大后减小。这一方面由于纤维体系相容性得到改善，EVOH 岛结构尺寸减小，两相界面数量增加使大微孔数量增加；另一方面由于 PP-g-MAH 含量过多使两相界面相互作用增强，大微孔孔径减小。当加入 5% PP-g-MAH 时，双微孔亲水 PPHFM 孔隙率达最大值。

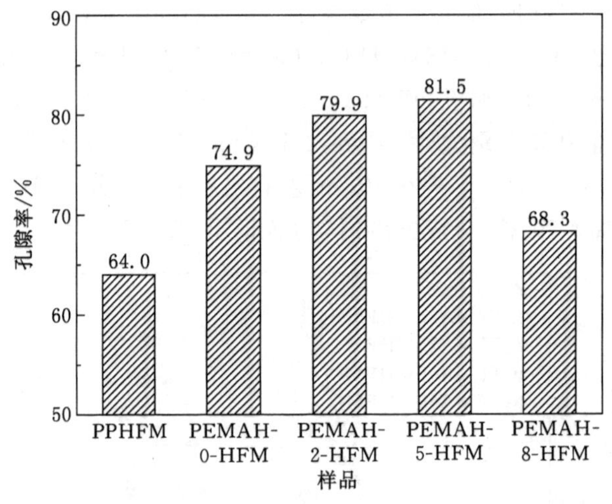

图 4-28　拉伸 200%的 PPHFM 和 PEMAH-HFMs 孔隙率

四、双微孔亲水 PP/EVOH/MAH 中空纤维膜微结构构筑机理

(一) PP/EVOH /MAH 共混物与中空纤维中两相形态模型

基于上述的分析，构建了共混物和初纺中空纤维中的相形态模型，如图 4-29 所示。对于共混物样品，将显示包括分散相及其相邻连续相的单元。纯 PP 和 PP 初纺中空纤维的相形态可以表示为图 4-29(a)。均相的纯 PP 采用熔融纺丝后得到初纺中空纤维，在纺丝过程中通过应力诱导结晶机理形成取向的片晶结构如图 4-29 中 a_3 所示。在图 4-29(b)中可观察到 PEMAH-5 共混物和初纺中空纤维的相形态(此节以 PEMAH-5 样品举例说明)。PP 相和 EVOH 相为不相容物质，EVOH 相会在 PP 相中先结晶形成球形岛结构。即使在加入 5% PP-g-MAH 后，体系相容得到一定程度改善条件下也存在独立结晶的 EVOH 相。此时两相间会存在相互作用的界面(图 4-29 中 b_1)，这个界面可以起到传递应力与保护 EVOH 岛结构防止其在高应力作用下变形(图 4-29 中 b_4)。因此，在初纺 PEMAH-5 中空纤维中，EVOH 岛结构仍然能够以球形结构均匀地分布在取向的 PP 片晶结构中。

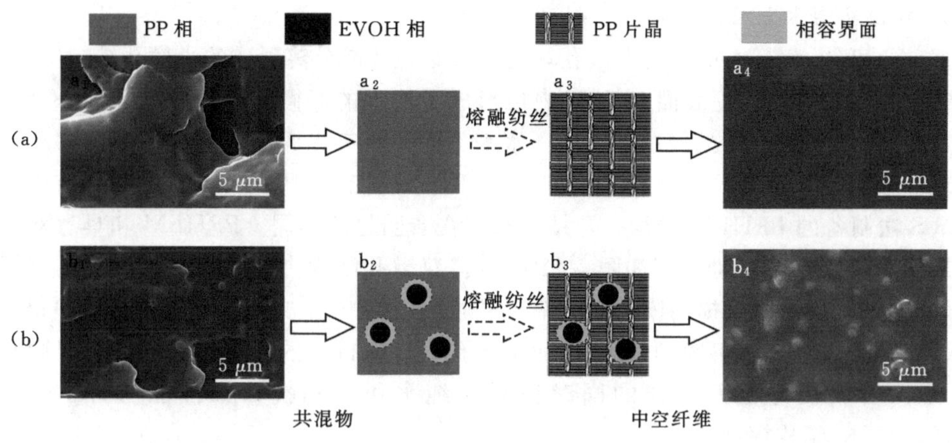

(a) 纯 PP;(b) PP/EVOH/MAH。

图 4-29　共混物和初纺中空纤维中的相形态模型

（二）双微孔结构的构筑机理模型

在初纺中空纤维相形态模型的基础上，建立了中空纤维膜中双微孔结构的构筑模型，如图 4-30 所示。初纺中空纤维在 150 ℃下热处理以完善片晶结构（片晶增厚、缺陷消除和片晶重排等）。但在热处理过程中 PP 相和 EVOH 相的形态是不会发生改变的。对于 PPHFM 样品，均匀的微孔和微纤维会在热处理中空纤维的拉伸过程中分离片晶形成（图 4-30 中 a_3）[10]。对于 PEMAH-5-HFM 样品，其在拉伸时会形成具有两种不同等级且独立孔径分布的微孔结构（双微孔结构）（图 4-30 中 b_3）。一种是通过取向的 PP 片晶分离形成的均匀小微孔；另一种是 PP 相和 EVOH 相之间的界面分离形成的大微孔，这是在 EVOH 岛结构沿拉伸方向上的顶点处发生界面分离形成的界面微孔，同时相互作用的两相界面分离也形成大微孔结构中的少量微纤维。由于拉伸过程是在 PP 相的熔点温度附近进行，EVOH 相的熔点与强度略高于 PP 相，并且两相间存在着相互作用的界面，因此 EVOH 相在拉伸过程中仍保持球形结构。

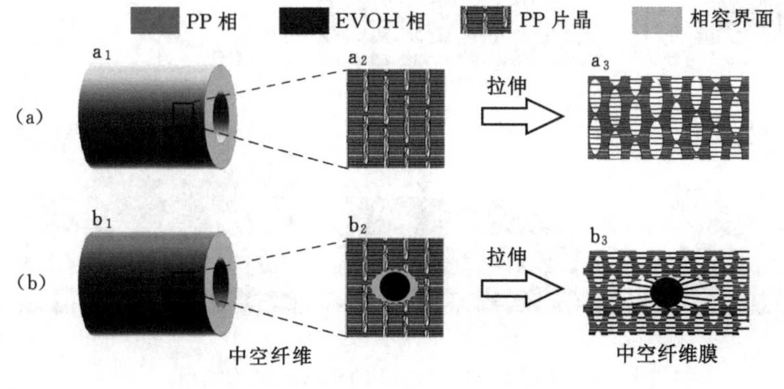

(a) PPHFM;(b) PEMAH-5-HFM。

图 4-30　双微孔结构构筑机理

(三)双微孔亲水 PPHFM 的三维模型

根据前文可知,相分离形成的大微孔均匀地分布在片晶分离形成的小微孔结构中,同时双微孔结构不仅仅存在于膜表面,在膜壁内也形成了典型的双微孔结构。从另外一个角度来说,双微孔亲水 PPHFM 的膜结构在同一水平上同时具有界面分离形成的大微孔和片晶分离形成的小微孔。这是一种新型膜结构,与 TIPS 法制备的 PPHFM 的梯度孔结构以及传统 MS-S 法制备的 PPHFM 的均一孔结构都存在着明显的不同。PPHFM 和具有双微孔结构的亲水 PPHFM 的三维模型如图 4-31 所示。双微孔结构中的大小微孔分别具有不同的作用,理论上大微孔可以提高膜的孔隙率与贯通性,这已在上文孔隙率测试结果中得到证实;引入的 EVOH 能够改善膜的亲水性,而小微孔可以保持膜的截留性能。最终双微孔结构可以在保留膜良好截留性能的同时提高膜纯水通量和抗污染性能,如图 4-32 的 PEMAH-5-HFM 结构模型所示。

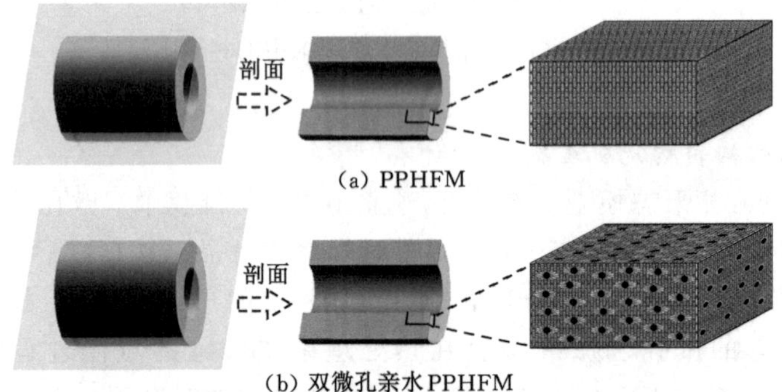

图 4-31 PPHFM 和双微孔亲水 PPHFM 的三维模型

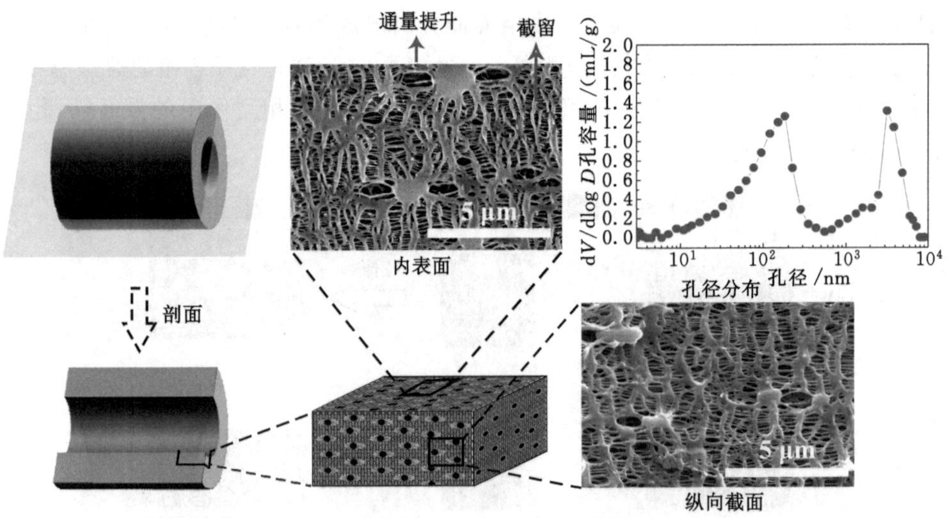

图 4-32 PEMAH-5-HFM 的双微孔结构模型

五、两相界面调控双微孔亲水 PP/EVOH/MAH 中空纤维膜微结构及机理研究

（一）PP/EVOH/MAH 共混物与中空纤维中相形态模型

基于上文的分析，如图 4-33 所示构建了 PP/EVOH/MAH 共混物和初纺中空纤维中的相形态模型。对于共混物样品将显示包括分散相及其相邻连续相的单元。纯 PP 和 PP 初纺中空纤维的相形态可以表示为图 4-33(a)。均相的纯 PP 经熔融纺丝得到初纺中空纤维，通过应力诱导结晶机理形成取向的片晶结构(图 4-33 中 a_2)。在图 4-33(b)中可观察到 PEMAH-0 共混物和初纺中空纤维的相形态。PP 相和 EVOH 相为不相容物质，EVOH 相会在 PP 相中先结晶形成球形岛结构，在经熔融纺丝后，初纺中空纤维仍然以海岛结构呈现。其中的 PP 相在应力诱导结晶过程中形成取向片晶结构，EVOH 相则会在垂直于牵引方向应力作用下变为椭圆结构。在加入不同含量 PP-g-MAH 后，共混物体系相容性得到不同程度改善，EVOH 相仍然以岛结构形式存在，尺寸随 PP-g-MAH 添加量增加逐渐减小。在 PP 相与 EVOH 相之间存在着一相互作用强度随 PP-g-MAH 含量增加而增强的两相界面[图 4-33(c)至图 4-33(e)]。在纺丝过程中由于相容的两相界面能够有效地起到传递应力和保护 EVOH 岛结构的作用，因此在初纺中空纤维中能够形成取向较好的片晶结构和球

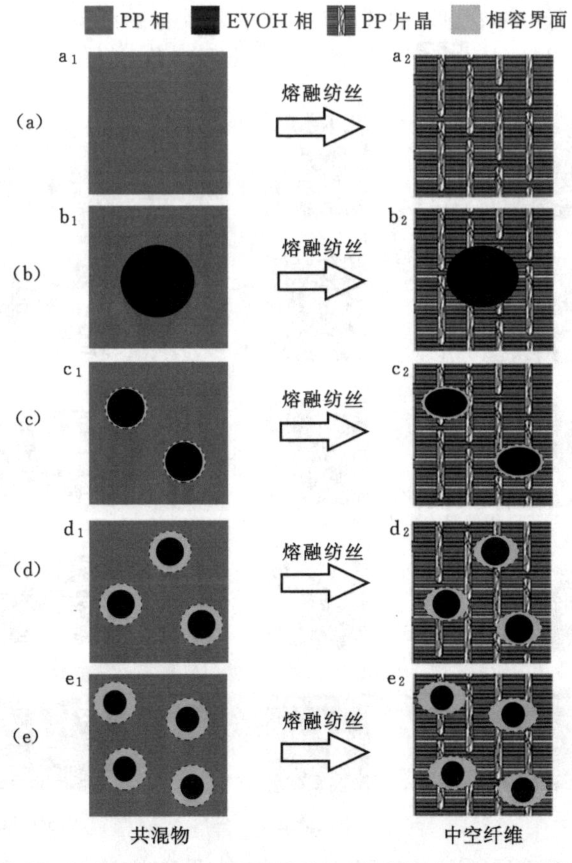

(a) 纯 PP；(b) PEMAH-0；(c) PEMAH-2；(d) PEMAH-5；(e) PEMAH-8。

图 4-33　共混物和初纺中空纤维中的相形态模型

形 EVOH 岛结构。

（二）两相界面调控膜双微孔结构机理模型

在初纺中空纤维相形态模型的基础上，初步建立了中空纤维膜中双微结构演变模型，如图 4-34 所示。在热处理过程中，中空纤维中两相形态是不会发生改变的。对于纯 PP 样品，在拉伸过程中热处理中空纤维的片晶分离形成了均匀的微孔和微纤维结构（图 4-34 中 a_3）。对于 PP/EVOH/MAH 共混物样品，在 PEMAH-0 膜样品（PEMAH-0-HFM）中存在典型的双微孔结构（图 4-34 中 b_3）。在拉伸过程中由 PP 片晶分离形成双微孔结构中的小微孔。在椭圆形的 EVOH 岛结构沿拉伸方向上的顶点处发生界面分离形成了双微孔结构中的大微孔。由于拉伸过程是在接近 PP 相的熔点温度附近进行，并且 EVOH 相的强度略高于 PP 相的强度，因此 EVOH 在拉伸过程中仍能保持初纺中空纤维中的椭圆形颗粒状。加入 PP-g-MAH 后，EVOH 岛结构尺寸逐渐变小，两相间也形成了可以传递应力与保护 EVOH 岛结构变形的界面，并且界面相互作用逐渐增强。相界面分离后形成了大微孔中的微纤维，因此，PEMAH-HFMs 中将会形成逐渐完善的双微孔结构（小微孔更均匀，大微孔孔径变小）。随着 PP-g-MAH 加入量的增加，由于两相界面相互作用逐渐增强，EVOH 岛结构尺寸逐渐减小，PP/EVOH/MAH 中空纤维膜中（PEMAH-HFMs）大微孔孔径将逐渐减小。由于 PP/EVOH/MAH 体系相容性逐渐改善，共混物中 PP 相的晶体生长速率逐渐减缓，中空纤维中片晶厚度逐渐减小，片晶取向度先升高后降低。尽管更厚的片晶对应着更大孔径的小微孔，但是在 PP-g-MAH 含量

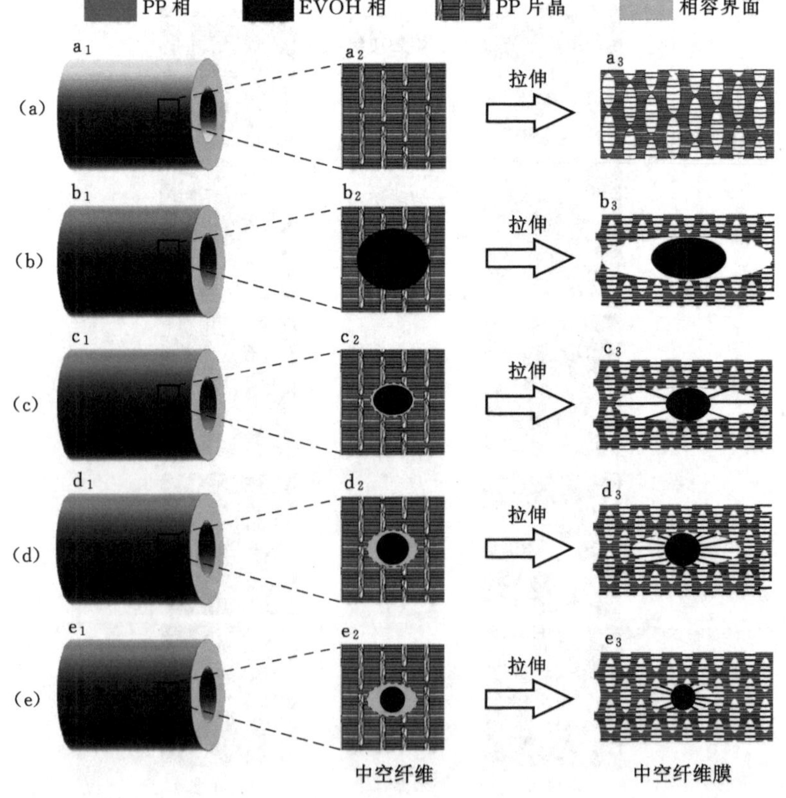

(a) PPHFM；(b) PEMAH-0-HFM；(c) PEMAH-2-HFM；(d) PEMAH-5-HFM；(e) PEMAH-8-HFM。

图 4-34　双微孔结构调控模型

低于5%时，中空纤维中片晶的取向度大幅度降低，大微孔孔径均在183 nm左右。因此，改变PP/EVOH/MAH体系相容性，主要是调控两相界面分离形成的大微孔结构。

第六节　双微孔亲水PP/EVOH/MAH中空纤维膜性能研究

一、双微孔亲水PP/EVOH/MAH中空纤维膜亲水性能

图4-35为拉伸比例200%的PPHFM和不同PP-g-MAH含量的PEMAH-HFMs EDS能谱分析谱图。由图4-35可以看出：所有的EDS谱图中主要出现C元素和O元素，PPHFM表面含氧量为1.84%。由于EVOH中存在大量亲水官能团羟基，因此PEMAH-0-HFM的表面含氧量增加至4.61%。在加入PP-g-MAH后，膜表面含氧量进一步增加，PEMAH-2-HFM、PEMAH-5-HFM和PEMAH-8-HFM的表面含氧量分别为4.82%，5.75%和6.22%，这说明PP-g-MAH的加入可以一定程度改善膜亲水性，也佐证了PP/EVOH/MAH共混物的接触角结论。

二、双微孔亲水PP/EVOH/MAH中空纤维膜水通量

膜的水通量是反映中空纤维膜性能的重要指标之一。图4-36所示为拉伸比例200%的PPHFM和不同PP-g-MAH含量PEMAH-HFMs水通量。PPHFM水通量为(148.0±7.5) L/(m^2·h)。尽管PEMAH-0-HFM中存在双微孔结构，但小微孔结构较差导致膜水通量较低，其为(69.8±3.2) L/(m^2·h)。在加入PP-g-MAH后，膜水通量明显提升，PEMAH-2-HFM、PEMAH-5-HFM和PEMAH-8-HFM水通量分别为(199.0±5.7) L/(m^2·h)、(322.0±8.8) L/(m^2·h)和(235.6±4.8) L/(m^2·h)，分别提升了34.46%、117.56%和59.19%。随着PP-g-MAH含量的增加，膜水量先上升后降低。当加入5%PP-g-MAH时，膜水通量达最大值。膜水通量的变化主要归因于引入PP-g-MAH后，形成了相互作用的两相界面起到传递应力作用，因此片晶分离形成的小微孔结构贯通性变好和膜孔隙率增加。但加入8%PP-g-MAH时，双微孔结构中的大微孔孔径减小和膜孔隙率降低又导致膜水通量降低。

三、双微孔亲水PP/EVOH/MAH中空纤维膜截留性能

图4-37呈现了拉伸比例200%的PPHFM和不同PP-g-MAH含量的PEMAH-HFMs截留前后对比图。由图4-37可见PPHFM可以截留大部分碳素，PEMAH-0-HFM对比图表明仍然还有部分碳素无法截留[图4-37(c)]。在加入PP-g-MAH后，膜截留液逐渐变清澈，这表明膜截留能力增加。通过计算得到各样品的截留率如图4-38(a)所示，PPHFM的截留率为99.78%，PEMAH-0-HFM的截留率降低为93.75%。在加入PP-g-MAH后膜截留率持续增加，PEMAH-2-HFM、PEMAH-5-HFM和PEMAH-8-HFM膜截留率分别为96.78%、99.84%和99.85%。尽管双微孔的膜截留率是由片晶分离形成的小微孔决定的，但PEMAH-0-HFM截留率仍然降低，这可能是双微孔结构中界面分离形成的大尺寸大微孔导致膜壁内出现垂直于拉伸方向的微裂纹所致。加入PP-g-MAH后，大微孔孔径减小，并且变得更均匀，膜截留率又由片晶分离形成的小微孔决定，因此膜截留率逐渐增加。

为了验证膜截留实验的正确性，使用激光粒度分析仪测量渗透液中残留碳颗粒的粒径分布。如图4-38(b)所示，相对浓度为0.1%的碳素溶液，PPHFM渗透溶液中碳颗粒的粒径

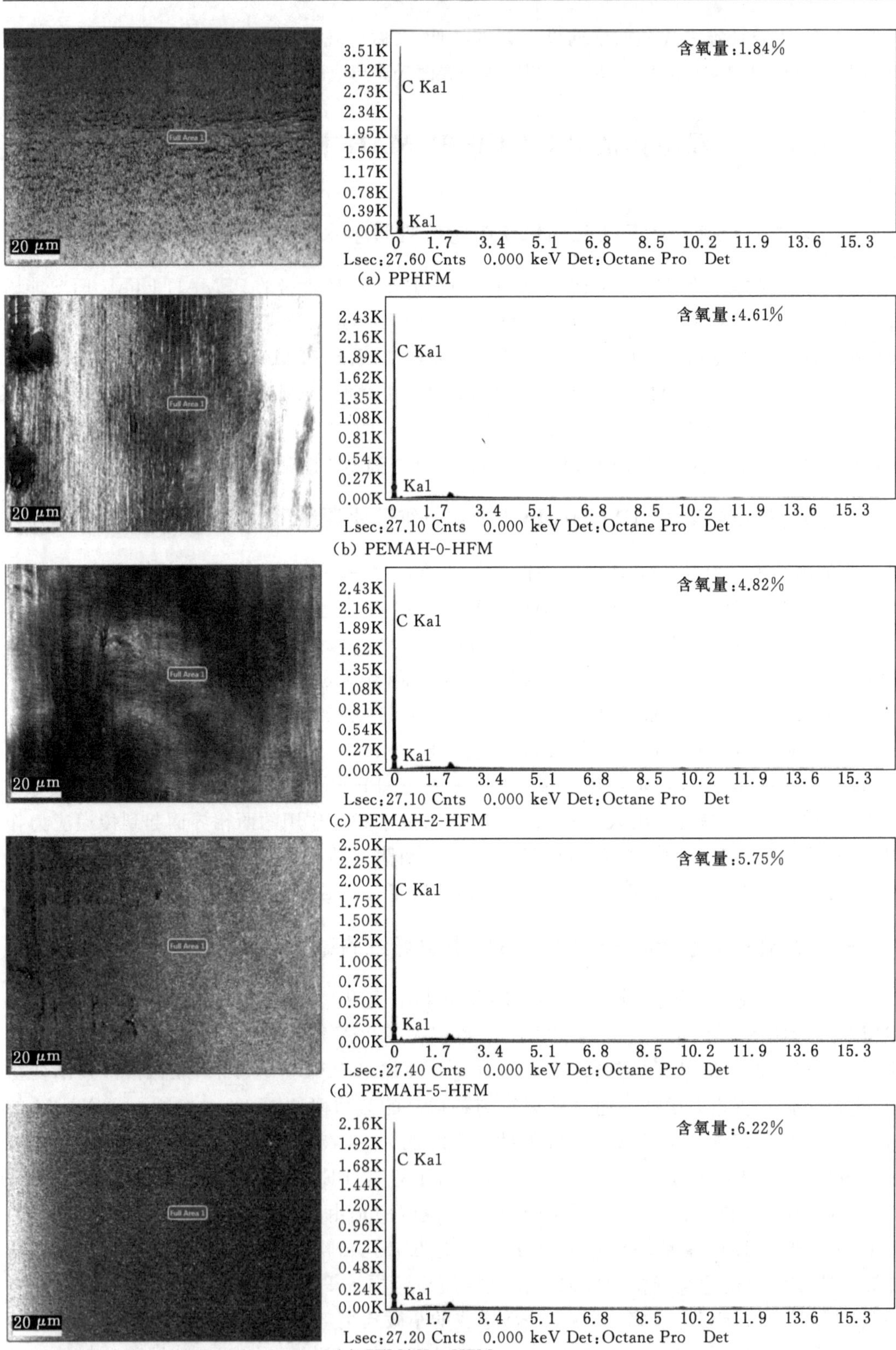

图 4-35 拉伸比例 200%的中空纤维膜的 EDS 能谱分析

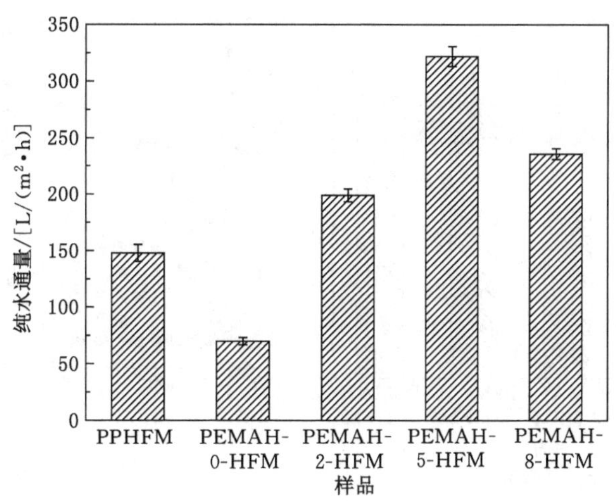

图 4-36　拉伸比例 200%的 PPHFM 和 PEMAH-HFMs 水通量

(a) 纯水　(b) PPHFM　(c) PEMAH-0-HFM

(d) PEMAH-2-HFM　(e) PEMAH-5-HFM　(f) PEMAH-8-HFM

图 4-37　0.1%碳素溶液与渗透液对比图

明显减小。PEMAH-0-HFM 渗透溶液中碳颗粒粒径分布曲线稍有左移，但大尺寸的碳颗粒不能截留住，这说明 PEMAH-0-HFM 中存在微裂纹的可能性较大。加入 PP-g-MAH 后，渗透溶液中碳颗粒粒径分布曲线逐渐向左移动，渗透液中碳颗粒尺寸均小于 PPHFM 样品的，这说明 PEMAH-HFMs 中小微孔的孔径均低于 PPHFM 的，与孔径分布测试结果一致，也证实了膜截留实验的正确性。

图 4-39 所示为 PPHFM 和 PEMAH-5-HFM 的截留模型。对于均一孔结构的

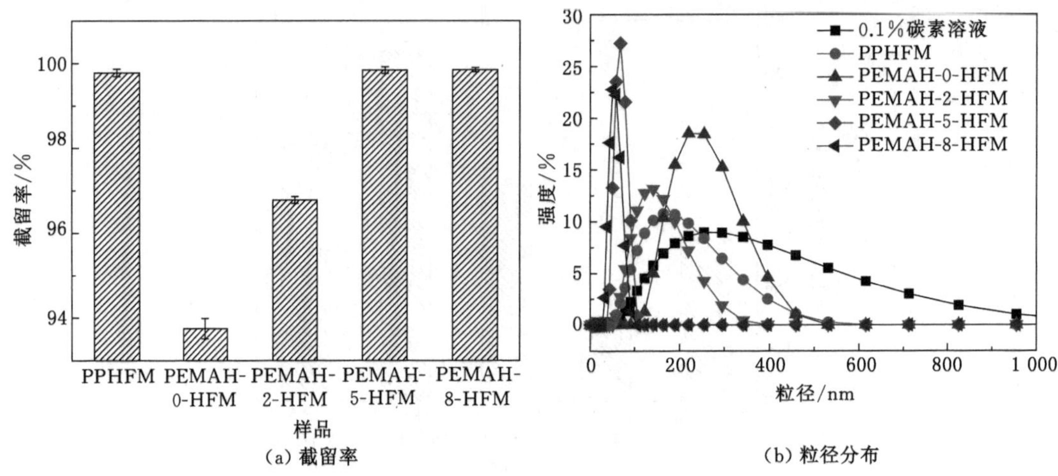

图 4-38　PPHFM、PEMAH-HFMs 的 0.1%碳素溶液截留率以及渗透液中残留碳颗粒粒径分布

PPHFM，当碳素颗粒到达膜表面时，一部分碳颗粒附着在膜表面，另一部分碳颗粒在水流作用下离开膜表面，小微孔基本可以完全截留碳素颗粒。对于双微孔结构的 PEMAH-5-HFM，由于膜结构中在同一水平上同时具有大小微孔，大微孔随机分布在小微孔结构中。当碳素颗粒到达 PMEVOH-HFMs 膜表面时，片晶分离形成的小微孔可以截留住绝大部分的碳素颗粒。一部分碳颗粒附着在膜表面，另一部分碳颗粒在水流作用下离开膜表面。最后剩余的一小部分碳颗粒能够通过表面上由界面分离形成的大微孔，但其紧接着需要面对的仍然是孔径较小的小微孔结构。因此双微孔结构中的大微孔仅能提高膜孔隙率与贯通性，而决定截留性能的仍为片晶分离形成的小微孔。

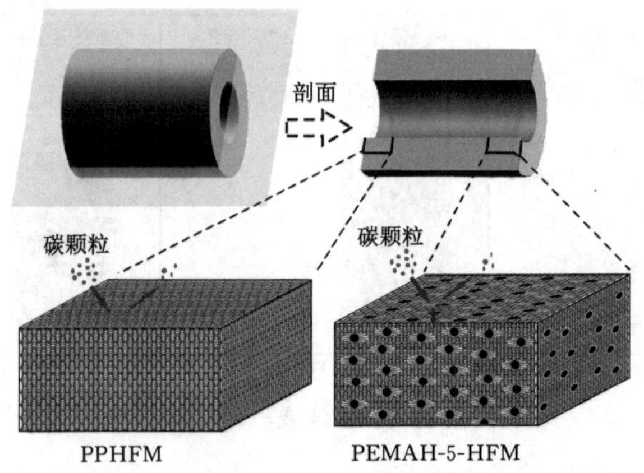

图 4-39　PPHFM 和 PEMAH-5-HFM 的截留模型

四、双微孔亲水 PP/EVOH/MAH 中空纤维膜抗污染性能

使用浓度为 1.0×10^{-3} 的 BSA 水溶液和去离子水作为模型污染物分别估算了总拉伸比为 200%的 PPHFM 和不同 PP-g-MAH 含量的 PEMAH-HFMs 抗污性能。图 4-40 为第一次循环操作中所有膜的防污指数和时间-水渗透通量曲线。为了更准确地说明双微孔的构

筑对膜抗污性能的影响，计算了膜的通量回复率（FRR）、总通量减少率（R_t）、可逆通量减少率（R_r）和不可逆通量减少率（R_{ir}）。膜具有较高的 FRR 值和较低的 R_t 和 R_{ir} 值表明具有优异的防污性能[11]。从另一种角度看，这表明膜表面不仅难以被吸附剂污染，还可以很容易清洗掉吸附剂。

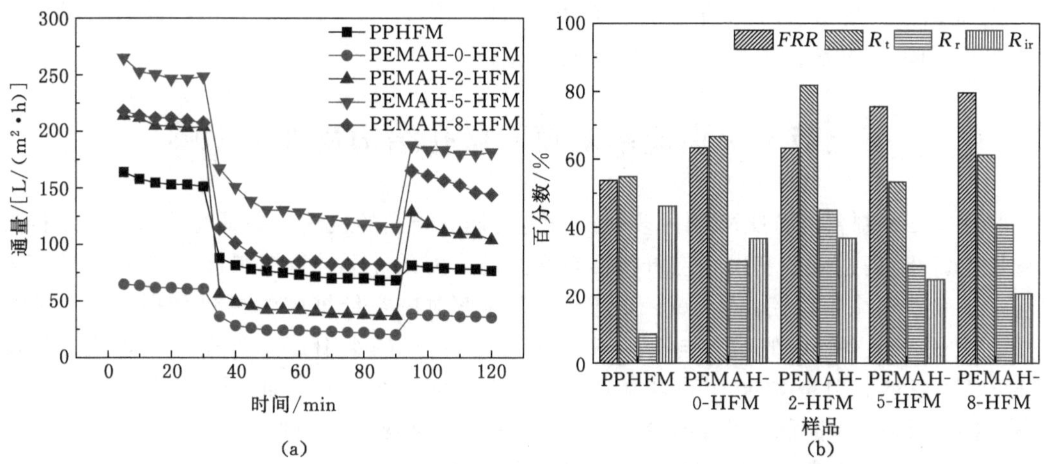

图 4-40　PPHFM、PEMAH-HFMs 的水渗透量随时间变化曲线和抗污染指数总汇

PPHFM 的 FRR、R_t、R_r 和 R_{ir} 分别为 53.76%，54.84%，8.60%和 46.24%。PEMAH-0-HFM 的 RFF、R_t、R_r 和 R_{ir} 分别为 63.28%，66.66%，29.93%和 36.72%，尽管存在大尺寸的微孔结构，但膜抗污性能仍略有提高。加入 PP-g-MAH 后，PEMAH-2-HFM、PEMAH-5-HFM 和 PEMAH-8-HFM 的 FRR 分别为 63.20%、75.40%和 79.59%，R_{ir} 分别为 36.80%、24.59%和 20.41%。因此可以看出，随着 PP-g-MAH 含量增加，膜 FRR 逐渐增大，R_{ir} 逐渐减小，这说明加入 EVOH 和 PP-g-MAH 形成双微孔结构后膜的抗污性能得以提高。通过 Zeta 电位，膜的亲水性实际上起到阻碍 BSA 吸附的主要作用[12]。因此可以得出双微孔亲水 PPHFM 的抗污染模型如图 4-41 所示。对于均一孔结构的 PPHFM，当 BSA 到达膜表面时，由于 PP 的疏水性使一部分 BSA 迅速进入小孔结构，造成膜水通量的迅速下降。但随着时间的延长，水通量没有出现大幅度下降。由于 PPHFM 表现为疏水性，表面黏附的 BSA 在清洗过程中不易脱落，因此膜的通量回复率较低。对于双微孔亲水 PPB-

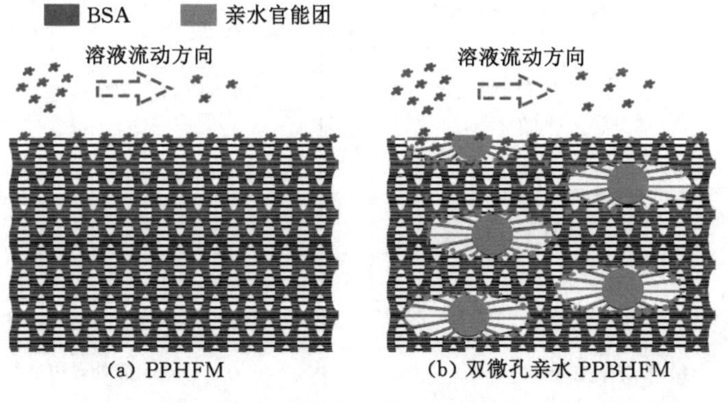

图 4-41　PPHFM 和双微孔亲水 PPBHFM 的抗污染模型

HFM，膜结构中在同一水平上同时具有大小微孔，大微孔随机分布在小微孔结构中。通常BSA更易进入大尺寸孔结构，但由于亲水的EVOH和PP-g-MAH主要集中在大微孔结构中，亲水基团阻碍了BSA的黏附速率，因此水通量减少率低于PPHFM。但是随着时间的延长，在35～50 min期间，由于BSA持续堵塞膜孔，水通量仍出现一定幅度的下降。由于BSA易堆积在大微孔中，但聚集在大微孔中亲水的EVOH和PP-g-MAH使BSA在清洁过程中更易去除，因此膜的通量回复率略有提升。

第七节　牵引速率对膜双微孔结构及性能影响

采用MS-S制备PPHFM第一步是通过应力诱导结晶的机理制备具有平行片晶结构的初纺中空纤维，高性能的初纺中空纤维需在适当的应力条件下进行纺制，而纺丝所需的应力则是通过牵引速率来调控。Rovère研究了牵引速率对中空纤维弹性模量和损耗模量的影响[13]。常温下中空纤维的模量与牵引速率呈正比，较高的牵引速率可在一定程度上提高PPHFM的性能。但是Rovère也观察到随着牵引速率的进一步增加，纤维中的片晶开始被破坏，导致PPHFM性能降低，即牵引速率存在一极值现象。因此，本节选择PEMAH-5(PP/EVOH/MAH为90/10/5)进行实验，选用295 m/min、335 m/min、395 m/min、455 m/min和495 m/min五个速率研究牵引速率对双微孔亲水PPHFM结构与性能的影响规律，得出最佳的牵引速率。

一、亲水PP中空纤维的DSC分析

图4-42为不同牵引速率的PEMAH-5中空纤维热处理前后DSC曲线。所有初纺PEMAH-5中空纤维的DSC曲线中分别在167 ℃和189 ℃附近出现两个放热峰，这说明在不同牵引速率产生的应力诱导结晶的条件下，EVOH相仍然以独立的相形态存在。150 ℃热处理形成了亚稳态折叠链结构，因此在145～160 ℃之间出现了一个小吸热峰(退火峰)。随着牵引速率的增加，退火峰温度先减小后增加，退火峰峰宽先增大后减小。在牵引速率为395 m/min时，退火峰温度最小，峰宽最大。这一方面说明亚稳态折叠链结构的稳定性也是先提升后降低，较低的稳定性更有利于片晶的分离形成微孔；另一方面说明亚稳态折叠链结

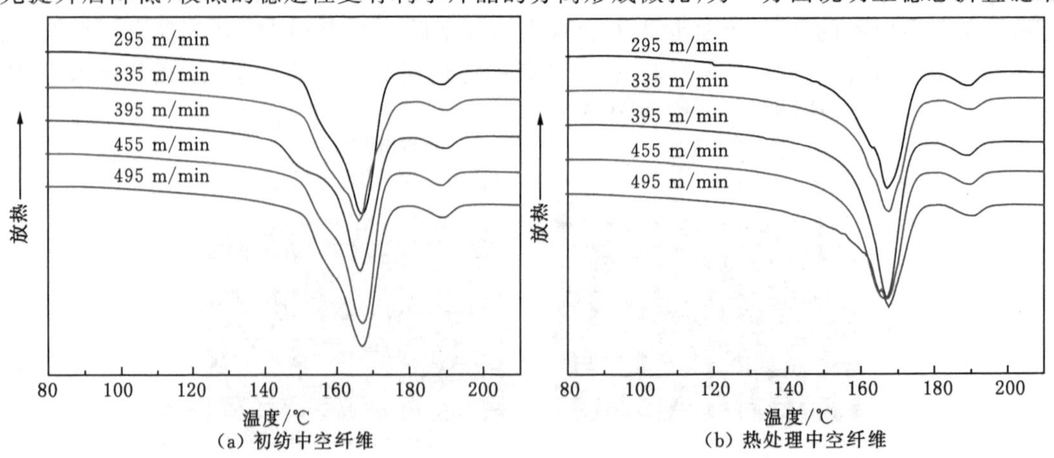

(a) 初纺中空纤维　(b) 热处理中空纤维

图4-42　不同牵引速率的PEMAH-5中空纤维热处理前后DSC曲线

构数量随着牵引速率增大而先增大后减小。

图 4-42 中相关 DSC 曲线参数已列入表 4-7 中。PP 相与 EVOH 相的吸热峰峰值温度没有明显的差异，但样品的熔融焓和结晶度存在较大差异。随着牵引速率增加，样品的熔融焓和结晶度先增加后减小；牵引速率为 395 m/min 时，其达到最大值。由于在初纺中空纤维的纺制过程中，牵引速率越大，PP 的长分子链沿着熔体流动方向所受应力越大，越易发生取向排列，纤维更易形成 shish-kebab 结构的晶核。在热处理过程中，分子链沿着 shish 晶核生长，形成更为完善的片晶结构使纤维结晶度增加。但是随着牵引速率进一步增加，PP 分子链受力过大，阻碍了晶核的形成和 PP 分子链排入晶格，因此熔融焓和结晶度开始减小。

表 4-7　PEMAH-5 中空纤维的 DSC 参数

纺丝速率/(m/min)		295	335	395	455	495
初纺中空纤维	T_{p1}/℃	166.98	166.98	166.72	167.35	167.71
	ΔH/(J/g)	70.65	75.61	78.43	67.30	65.17
	X_c/%	37.72	40.37	41.88	35.94	34.80
	T_{p2}/℃	189.63	189.31	189.93	190.69	190.34
热处理中空纤维	T_{p1}/℃	166.89	166.75	166.41	167.19	166.09
	ΔH/(J/g)	90.94	90.21	92.18	90.51	84.30
	X_c/%	48.56	48.17	49.22	48.33	45.01
	T_{p2}/℃	189.12	189.29	190.04	188.80	190.21

二、牵引速率对亲水 PP 中空纤维中片晶结构的影响

为了进一步研究牵引速率对初纺 PEMAH-5 中空纤维微观晶体结构的影响，对牵引速率为 295 m/min、395 m/min 和 495 m/min 三个样品进行了二维小角散射(2D-SAXS)测试，其测试结果如图 4-43 所示。所有样品的散射图像中，赤道方向均出现明显的亮条纹，这表明存在 shish 结构；子午线方向则出现两个大斑点，这表明有 kebab 结构。由此可以看出，在不同牵引速率下初纺 PEMAH-5 中空纤维中均能形成 shish-kebab 结构。牵引速率为49 m/min时，样品的散射图中子午线方向的两个大斑点明显弱于牵引速率为 395 m/min 样品的，这说明牵引速率为 495 m/min 的样品中存在的 shish-kebab 结构较少或者完善度较低。

通过一阶相关函数曲线中求得初纺 PEMAH-5 中空纤维中片晶长周期 L、实际片晶厚度 L_c、平均片晶厚度 $\bar{L}_c$、过渡区厚度 L_{tr}以及非晶区厚度 L_a来分析不同牵引速率对纤维中片晶结构的影响。相关参数已列入表 4-8。随着牵引速率的增加，初纺 PEMAH-5 中空纤维中片晶的 L_{tr}逐渐减小，L_c先增加后几乎不变，这说明在高应力下过渡区更难形成。根据表 4-8 数据计算出各样品结晶区(RF)、过渡区(RAF)以及非晶区(MAF)所占比例，其结果如表 4-9 所示。随着牵引速率的增加，晶区、过渡区和结晶度均先增加后减小，这说明适当的应力可以促进初纺中空纤维 shish-kebab 结构的形成和提高样品结晶度。过大的应力会阻碍形成 shish-kebab 结构和导致结晶度下降，这与 DSC 分析结果相一致。

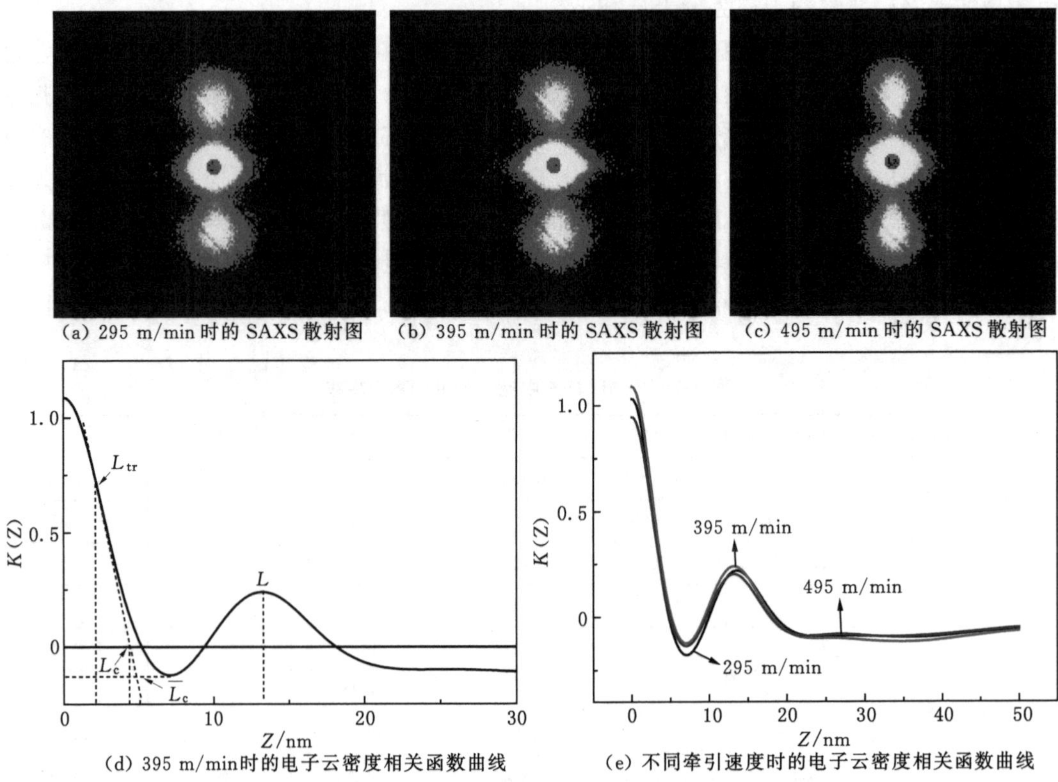

图 4-43　不同牵引速率的初纺 PEMAH-5 中空纤维 SAXS 散射图和电子云密度相关函数曲线

表 4-8　初纺 PEMAH-5 中空纤维散射曲线一阶导数曲线相关参数

纺丝速率/(m/min)	295	395	495
L/nm	13.63	13.27	13.28
L_c/nm	4.16	4.22	4.21
L_{tr}/nm	2.14	2.09	2.03
L_a/nm	5.19	4.87	5.01

表 4-9　初纺中空纤维的结晶区(RF)、过渡区(RAF)以及非晶区(MAF)所占比例

纺丝速率/(m/min)	295	395	495
RF/%	30.52	31.80	31.70
RAF/%	31.40	31.50	30.57
MAF/%	38.08	36.70	37.73
X_c/%	61.92	63.30	62.27

三、牵引速率对亲水 PP 中空纤维中片晶取向的影响

具有高度取向的片晶结构更易获得高性能的 PPHFM。为了研究牵引速率对初纺 PEMAH-5 中空纤维片晶取向的影响，对牵引速率分别为 295 m/min、395 m/min 和 495 m/min的三个初纺中空纤维样品进行了 WAXD 测试。图 4-44 为不同牵引速率制备的初纺 PEMAH-5 中空纤维的二维 X 射线衍射图、方位角曲线和一维 WAXD 强度分布。圆弧越亮，越锋锐对应着片晶的取向越好。由图 4-44 可见，牵引速率为 395 m/min 的样品衍射图中圆弧更锋锐。以 110 晶面为研究对象，积分范围 0°～360°得到方位角曲线，如图 4-44(d)所示。方位角曲线随着方位角的增加，出现不同强度的峰。峰强度越大，对应着片晶取向度越高。随着牵引速率的增加，峰强度先增加后减小。图 4-44(e)所示为计算得到各样品中片晶取向度。随着牵引速率的增加，取向度先增加后减小。牵引速率为 395 m/min 的样品峰强度最大(为 0.458)，这说明适当的牵引速率可以提高初纺中空纤维中片晶的取向度，过低或者过高的牵引速率会导致纤维中形成低取向的片晶。

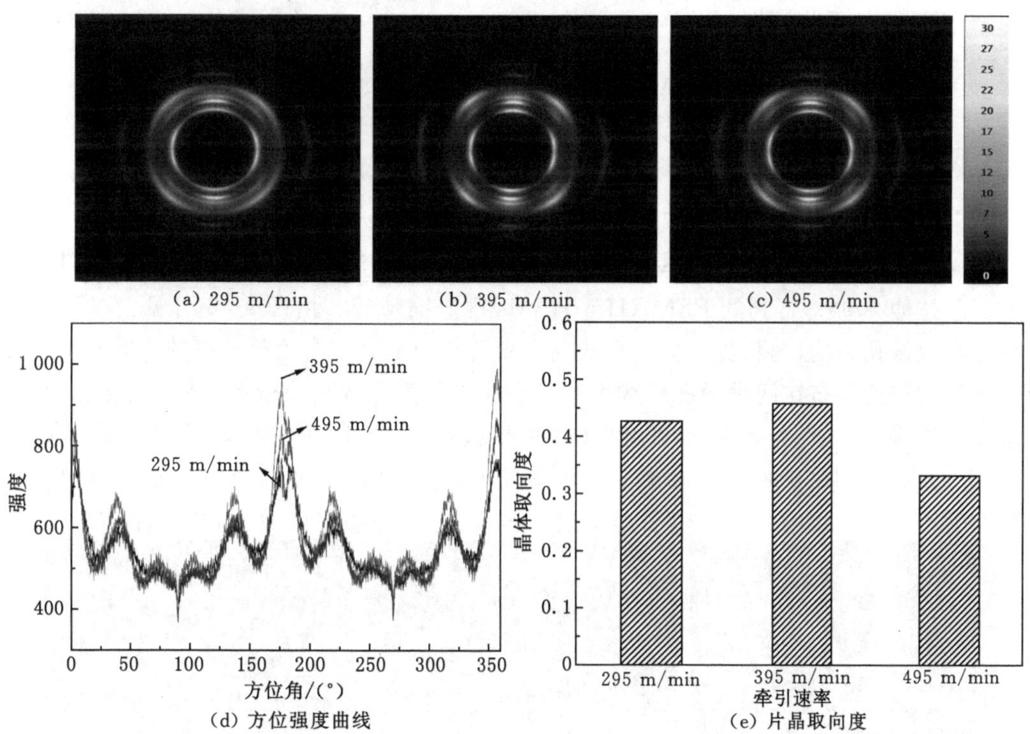

图 4-44　不同牵引速率初纺 PEMAH-5 中空纤维 WAXD 衍射图、方位强度曲线和片晶取后度

四、牵引速率对亲水 PP 中空纤维力学性能的影响

中空纤维中晶体的结晶度、取向度和片晶厚度等因素是影响中空纤维的强度和弹性回复率的主要因素。图 4-45 所示为不同牵引速率的初纺 PEMAH-5 中空纤维拉伸强度和热处理前后弹性回复率。由图 4-45(a)可见，随着牵引速率增加，中空纤维的拉伸强度先增大后减小；当牵引速率为 395 m/min 时，中空纤维拉伸强度达到最大值(45.86 MPa)。由

图 4-45(b)可见，中空纤维在热处理前后的弹性回复率均与拉伸强度呈相同的变化趋势。初纺PEMAH-5中空纤维的结晶度、取向程度和片晶厚度均随着牵引速率增大而先增加后减小；当牵引速率为 395 m/min 时，各参数均达最佳值，中空纤维热处理前后弹性回复率达到最大值(分别为 70.3%和 95.6%)。

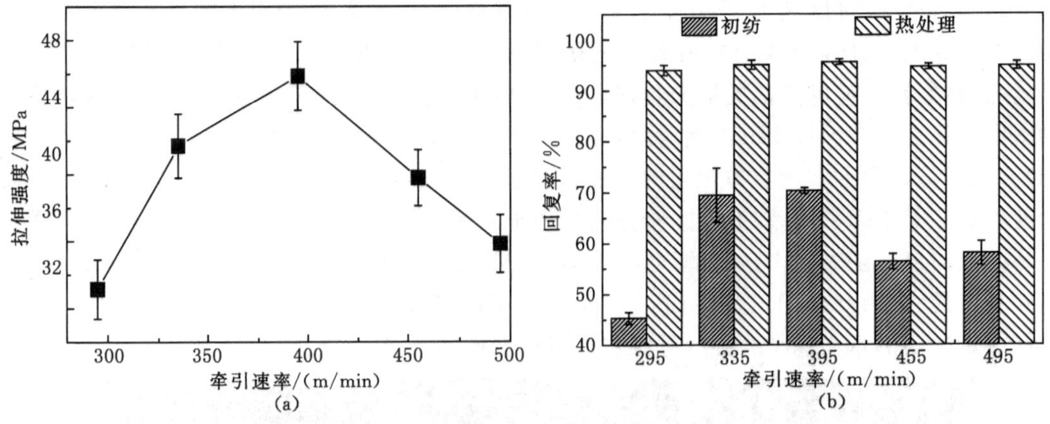

图 4-45　初纺 PEMAH-5 中空纤维拉伸强度和热处理前后弹性回复率

五、牵引速率对膜双微孔结构的影响

图 4-46 所示为不同牵引速率制备的热处理 PEMAH-5 中空纤维冷拉伸 20%，热拉伸 180%(总拉伸 200%)得到的 PEMAH-5-HFMs 内表面形貌。由图 4-46 可见，在所有样品中均存在双微孔结构，两相界面分离形成的大微孔均匀地分布在片晶分离的小微孔结构中，微纤维又均匀地分布在两种微孔结构中。对于片晶分离形成的小微孔，其孔径随着牵引速率增加而逐渐增大。当牵引速率较小时，片晶簇较厚，且存在一些未被拉开的区域，如图 4-46(a)和图 4-46(b)所示。由于牵引速率较小，施加在熔体上的应力也较小，这是分子链取向度不高所导致的。随着牵引速率进一步升高，片晶簇厚度变薄，并且片晶簇取向变

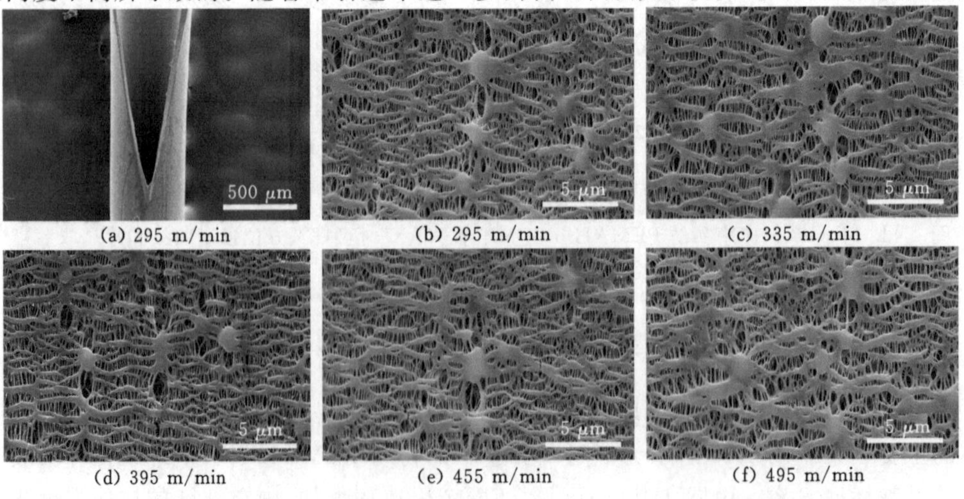

(a) 295 m/min　(b) 295 m/min　(c) 335 m/min

(d) 395 m/min　(e) 455 m/min　(f) 495 m/min

图 4-46　不同牵引速率时制备的热处理 PEMAH-5-HFMs 的内表面形貌(拉伸比例 200%)

好。当牵引速率增加至 495 m/min 时，片晶簇变得不均匀且取向变差。由于应力过大后形成的取向片晶较不完善，在拉伸时，受力不均导致存在着较多未拉开区域，也导致形成的小微孔分布不均。对于相界面分离的大微孔结构，孔径随着牵引速率增大逐渐减小。

图 4-47 显示了不同牵引速率制备的 PEMAH-5-HFMs 孔径分布和孔隙率。孔结构的相关数据已列入表 4-10 中。对于双微孔结构，所有膜的孔径分布曲线中均呈现出两个分布峰[图 4-47(a)]。随着牵引速率增加，小微孔孔径先增加后不变，分别为 95 nm、122 nm、183 nm、183 nm 和 183 nm。然而牵引速率对大微孔孔径影响较大，随着牵引速率增加，大微孔孔径逐渐减小，分别为 3 916 nm、3 293 nm、3 209 nm、2 517 nm 和 1 054 nm，这与 SEM 结果一致。在高牵引力下，PP-g-MAH 牵移至 EVOH 岛结构沿着牵引力方向上的两端，因此在拉伸相同的比例时，相互作用增强而更难分离。对于膜孔隙率，所有膜的孔隙率先增大后减小，分别为 78.9%、76.5%、81.5%、79.4%和 76.8%。由此可以看出双微孔结构可以明显提高膜孔隙率。当牵引速率为 295 m/min 时膜孔隙率高于牵引速率为 335 m/min，这是因为膜中的大微孔孔径较大。当牵引速率为 395 m/min 时，膜孔隙率最大；当牵引速率低于 395 m/min 时，小微孔孔径较小导致孔隙率较小。当牵引速率高于 395 m/min 时，大微孔孔径减小导致膜孔隙率降低。对于膜内外径及壁厚，随着牵引速率的增加，内外径及壁厚均逐渐减小。

表 4-10　不同牵引速率的 PEMAH-5-HFMs 膜结构参数

纺丝速率/(m/min)	295	335	395	355	495
D_o/nm	534	477	449	411	380
D_i/nm	416	368	348	321	296
D_{min}/nm	95	122	183	183	183
D_{max}/nm	3 916	3 293	3 209	2 517	1 054

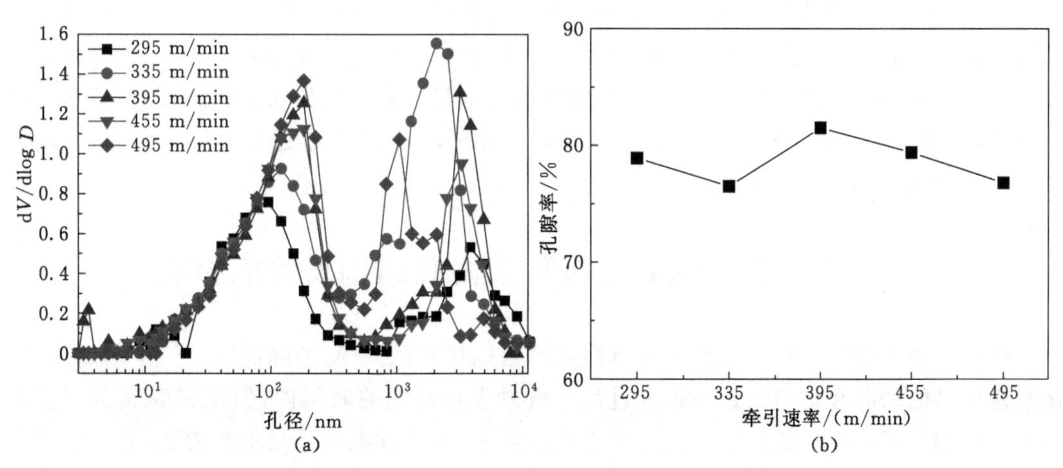

图 4-47　不同牵引速率 PEMAH-5-HFMs 的孔径和孔隙率分布曲线(拉伸比例 200%)

六、牵引速率对双微孔亲水膜水通量的影响

图 4-48 所示为不同牵引速率制备的 PEMAH-5-HFMs 水通量。牵引速率为295 m/min、335 m/min、395 m/min、455 m/min 和 495 m/min 的水通量分别为(156.6±7.5)L/(m^2 • h)、(223±15)L/(m^2 • h)、(326.5±4.7)L/(m^2 • h)、(276.6±3.2) L/(m^2 • h)和(235.0±3.6) L/(m^2 • h)。随着牵引速率的增加,膜水通量先增大后减小,与膜孔隙率变化趋势相似。膜水通量主要受膜孔隙率、孔径、孔贯通性、亲水性和壁厚等因素影响。由于牵引速率为 295 m/min 的膜小微孔孔径较小且膜壁较厚,尽管膜孔隙率较高,但膜水通量仍然较小。当牵引速率为 395 m/min时,双微孔结构最完善,孔隙率达最大值,因此膜水通量达到最大值。

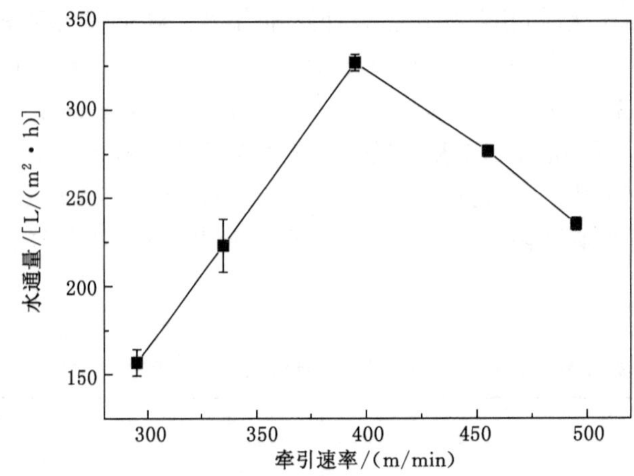

图 4-48　不同牵引速率 PEMAH-5-HFMs 的水通量(拉伸比例 200%)

综上所述,牵引速率对初纺 PEMAH-5 中空纤维的微观晶体结构存在较大的影响。随着牵引速率增加,初纺 PEMAH-5 中空纤维中 shish-kebab 结构完善程度与取向程度先增大后减小,强度和弹性回复率也呈先增大后减小变化趋势;当牵引速率为 395 m/min 时,各参数均达最佳值。PEMAH-5-HFMs 双微孔结构中的小微孔孔径随着牵引速率增加先增大后维持平稳,大微孔孔径逐渐减小。孔隙率与水通量具有相似的变化趋势,即随着牵引速率增加,先增大后减小。当牵引速率为 395 m/min 时,孔隙率和水通量达到最大值,分别为 81.5%和(326.5±4.7) L/(m^2 • h)。

第八节　热处理温度对膜双微孔结构及性能影响

在分子链开始运动时的温度下进行热处理可以使片晶变厚,消除晶体结构中的缺陷,最终改善片晶的取向和均匀性。热处理过程一般发生在较短的时间内,但是在膜制备中起着至关重要的作用。在热处理工艺的三个主要因素中,热处理温度是最重要的影响因素,因为温度升高到一定程度后,局部熔融再结晶会使初始片晶结构恶化。根据前两章的实验结果,引入 EVOH 和 PP-g-MAH 会阻碍 PP 分子链的运动,而热处理主要以晶体的长大为主,因此双微孔亲水 PPHFM 的热处理工艺与 PPHFM 存在一定的差异,即热处理过程中可能需要更高的温度才能完成。

本节以上述最佳的牵引速率制备得到的初纺 PEMAH-5 中空纤维，分别在 120 ℃、130 ℃、140 ℃、150 ℃和 160 ℃下进行热处理 1 h，再经过相同的拉伸致孔工艺制备 PEMAH-5-HFMs。考察了热处理工艺的主要因素——热处理温度对中空纤维中微观晶体结构、膜双微孔结构和膜性能的影响以及之间的关系。

一、热处理亲水 PP 中空纤维的 DSC 分析

图 4-49 为初纺 PEMAH-5 中空纤维和不同温度热处理的 PEMAH-5 中空纤维 DSC 曲线。相关 DSC 曲线参数已列入表 4-11 中。由图 4-49(a)可见，初纺 PEMAH-5 中空纤维在 150 ℃热处理后，吸热峰在 150 ℃左右出现了亚稳态折叠链结构(过渡区)引起的退火峰，并且吸热峰面积较大，主峰峰值温度向高温方向移动，这说明热处理后纤维结晶度增加以及片晶完善度提高。由图 4-49(b)可见，随着热处理温度增加，退火峰逐渐增强且向主峰靠近，峰面积逐渐增大，纤维结晶度逐渐升高。当热处理温度达到 160 ℃时，退火峰几乎消失与主熔融峰合为一体，结晶度开始下降。在接近熔点温度的热处理过程中，由于晶轴的移动，可以消除中空纤维中一些结构缺陷，增加结晶度，增厚片晶[14]。对于 PP 而言，晶轴能够移动的温度为 110 ℃[15]，在 120 ℃以下热处理由于分子链重排部分较少，热处理效果较差，退火峰较弱。随着热处理温度增加，晶轴、分子链等运动增强，形成的片晶越多，结构也越完善，导致退火峰逐渐增强且向主峰靠近，结晶度增加。当热处理温度达到 160 ℃时，由于温度过高，局部片晶熔融，同时由于无应力施加，二次再结晶无法形成取向片晶结构，因此高温下热处理反而会使初始片晶结构恶化导致结晶度降低，退火峰并入主熔融峰。当热处理温度为 150 ℃时，初纺 PEMAH-5 中空纤维结晶度达最佳值。

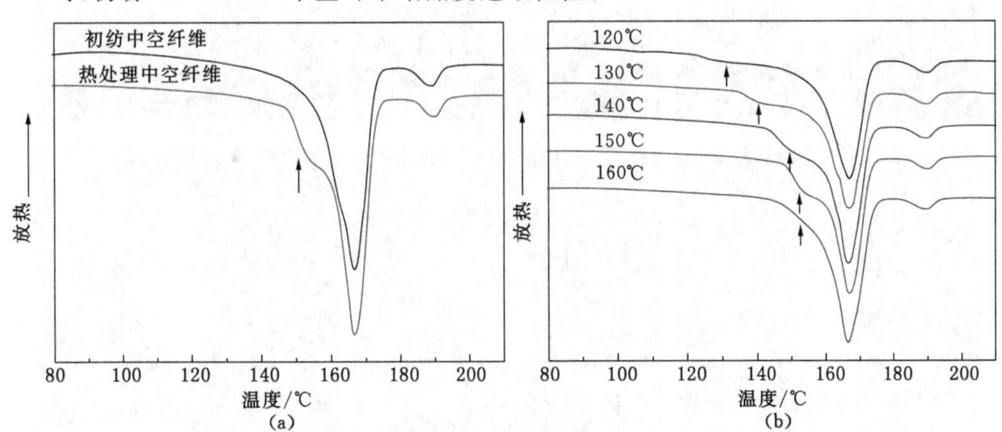

图 4-49　PEMAH-5 中空纤维 150 ℃热处理前后熔融曲线以及不同温度下热处理的 PEMAH-5 中空纤维

表 4-11　不同温度热处理后 PEMAH-5 中空纤维的 DSC 参数

温度/℃	初纺纤维	120	130	140	150	160
T_{p1}/℃	166.72	166.77	167.08	166.77	167.08	166.67
ΔH/(J/g)	78.43	81.83	83.47	82.50	90.80	82.76
X_c/%	41.88	43.69	44.57	44.05	48.48	44.19
T_{p2}/℃	189.93	189.89	189.59	189.60	190.20	189.98

二、热处理温度对亲水 PP 中空纤维中片晶结构的影响

上述 DSC 结果表明:在不同温度热处理后初纺 PEMAH-5 中空纤维中会形成完善度不同的亚稳态折叠链结构(过渡区)。因此对不同温度热处理中空纤维进行了二维小角散射(SAXS)测试。图 4-50 为不同温度热处理 PEMAH-5 中空纤维的 SAXS 散射图。由图 4-50可见,PEMAH-5 初纺中空纤维的散射图像中赤道方向上出现明显的亮条纹和子午线方向上出现两个大斑点,这表明有 shish-kebab 结构存在,对应着片晶中的完全结晶区。在热处理过后,子午线方向的两个大斑点强度变强,这表明 shish-kebab 结构中的片晶更完善。在 140 ℃热处理时在子午线方向开始出现两个斑点,对应着片晶中过渡区;斑点强度随热处理温度升高而先增强后减弱,这说明过渡区完善度和厚度均先增加后减小。为此通过图 4-51 中一阶相关函数曲线中求得 PEMAH-5 中空纤维的长周期 L、实际片晶厚度 L_c、平均片晶厚度 $\overline{L}_c$、过渡区厚度 L_{tr} 以及非晶区厚度 L_a 来分析热处理温度对片晶微观结构的影响。相关参数已列入表 4-12。由表 4-12 可以看出,纤维热处理过后长周期、片晶厚度、过渡区厚度均增加。随着热处理温度增加,长周期逐渐增大,片晶厚度和过渡区厚度先增加后减小;当热处理温度为 150 ℃时,各个参数达最佳值。

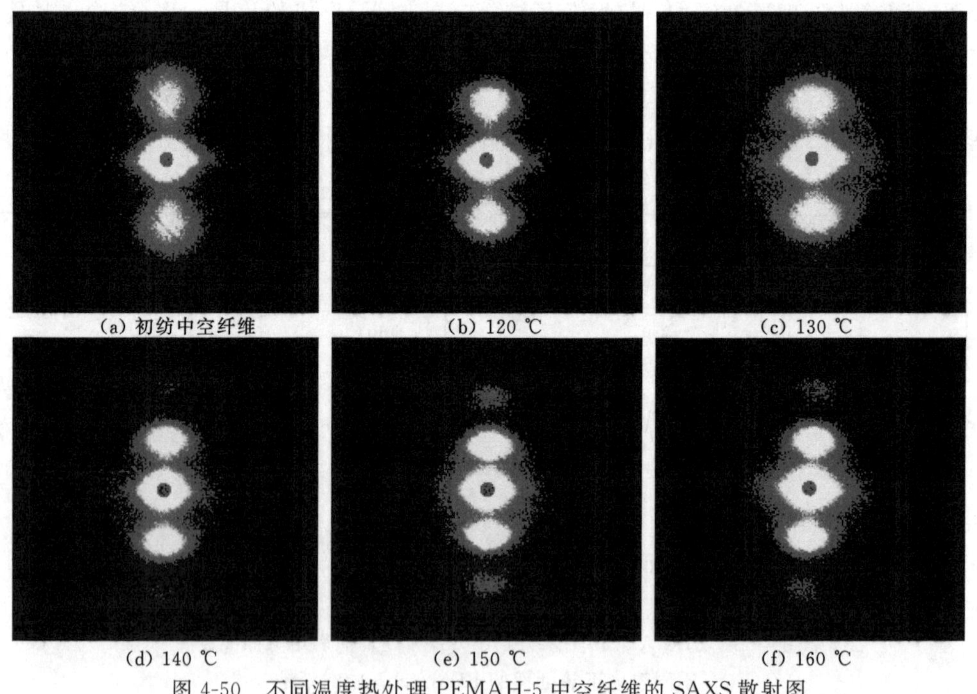

(a) 初纺中空纤维　(b) 120 ℃　(c) 130 ℃　(d) 140 ℃　(e) 150 ℃　(f) 160 ℃

图 4-50　不同温度热处理 PEMAH-5 中空纤维的 SAXS 散射图

表 4-12　不同温度热处理 PEMAH-5 中空纤维散射曲线一阶导数曲线相关参数

温度/℃	初纺纤维	120	130	140	150	160
L/nm	13.27	15.29	15.47	17.59	18.60	19.99
L_c/nm	4.22	4.58	4.75	5.30	5.80	5.46
L_{tr}/nm	2.09	2.59	2.65	3.10	3.30	3.17
L_a/nm	4.87	5.53	5.42	6.09	6.20	8.19

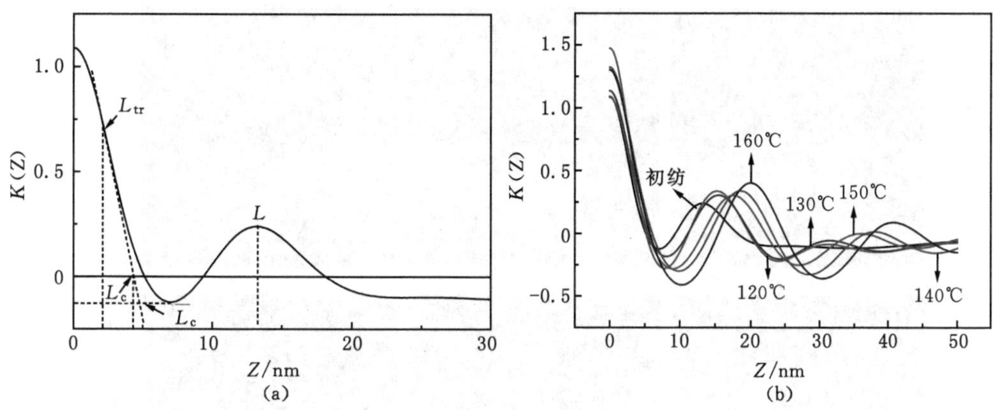

图 4-51　PEMAH-5 初纺中空纤维和不同温度热处理纤维电子云密度相关函数曲线

根据表 4-12 数据计算出各样品结晶区(RF)、过渡区(RAF)以及非晶区(MAF)所占比例，如表 4-13 所示。随着热处理温度增加，结晶区、过渡区和结晶度均先增大后减小，这说明在适当温度下热处理可以增加片晶厚度、过渡区厚度和结晶度。过低或过高的热处理温度会导致片晶比例、过渡区比例以及结晶度下降；当热处理温度为 150 ℃时，各参数达最佳值，这与 DSC 分析结果相一致。

表 4-13　不同温度热处理 PEMAH-5 中空纤维的 RF、RAF 以及 MAF 所占比例

温度/℃	初纺纤维	120	130	140	150	160
RF/%	31.80	29.95	30.70	30.13	31.18	27.31
RAF/%	31.50	33.88	38.53	35.25	33.33	31.72
MAF/%	36.70	36.17	34.26	34.62	33.33	40.97
X_c/%	63.30	63.83	64.96	65.38	66.67	59.03

三、热处理温度对亲水 PP 中空纤维中片晶取向的影响

热处理不仅能够增加片晶厚度，还会改善中空纤维中片晶的取向。通过 WAXD 考察了不同热处理温度对中空纤维中片晶结构的影响。图 4-52 为不同热处理温度制备的 PEMAH-5 中空纤维 WAXD 衍射图。圆弧越亮，越锋锐对应着片晶的取向越好。由此可见初纺 PEMAH-5 中空纤维热处理以后圆弧变得更亮。随着热处理温度增加，圆弧变得越来越锋锐。以 110 晶面为研究对象，积分范围 0°～360°得到方位角曲线，如图 4-53 所示。方位角曲线随着方位角的增加，出现不同强度的峰；峰强度越大，对应着片晶取向度越高。由图 4-53(a)可知，初纺 PEMAH-5 中空纤维热处理后峰强度变大，说明纤维中片晶取向度增加。随着热处理温度增加，峰强度先增加后减小；热处理温度为 150 ℃时峰强度最大。通过计算得到中空纤维中片晶的取向度如图 4-53(c)所示。PEMAH-5 初纺中空纤维中片晶的取向度为 0.458，经过热处理后纤维中片晶的取向度发生了明显的变化。随着热处理温度增加，取向度先增加后减小，分别为 0.511、0.663、0.859、0.863 和 0.53。热处理温度在 140 ℃时片晶取向度发生显著增加，热处理温度在 150 ℃时取向度达最大值。通常情况下，片晶取

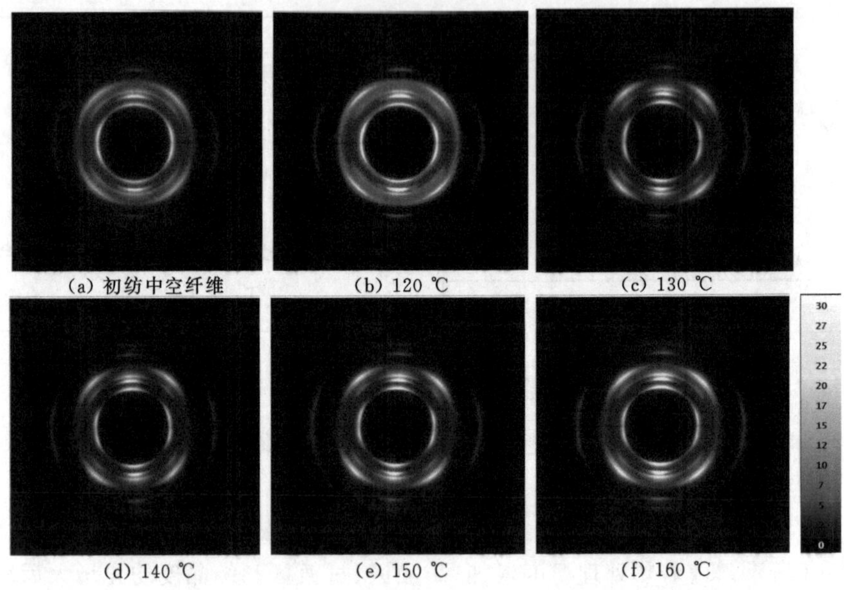

图 4-52　不同温度热处理制备的 PEMAH-5 中空纤维 WAXD 衍射图

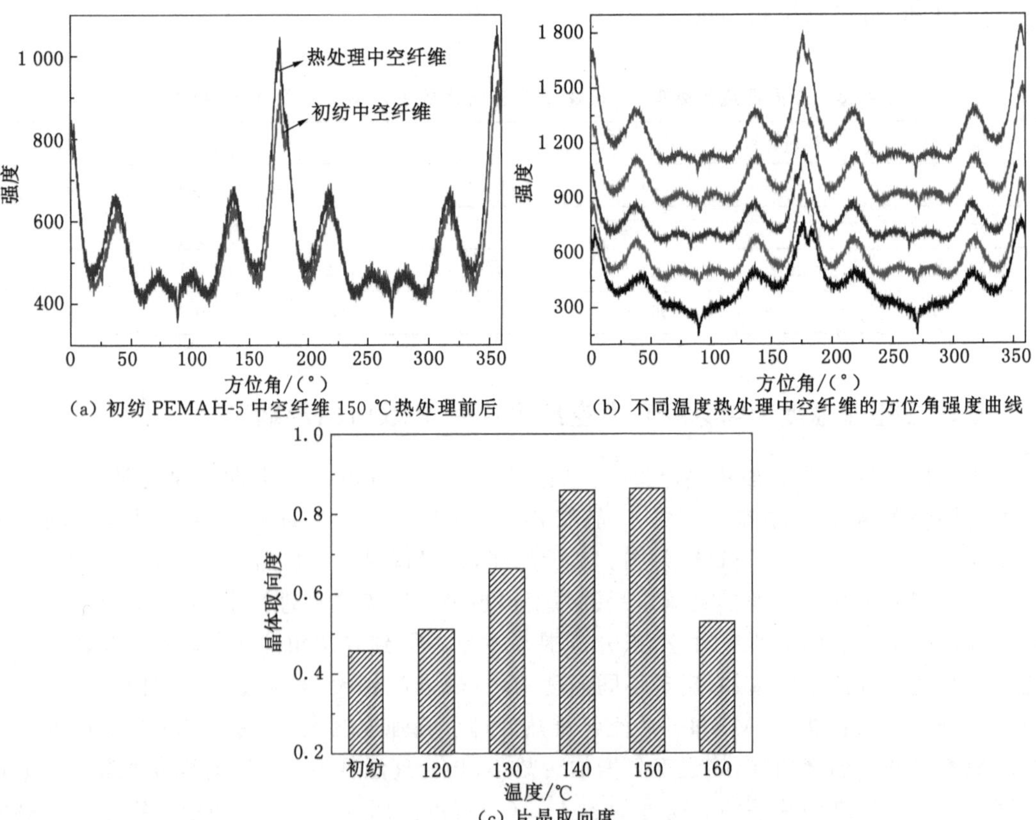

图 4-53　PEMAH-5 中空纤维方位角曲线及片晶取向度

向越好，通过拉伸获得的微孔膜性能越好。

结合上述 DSC、SAXS 和 WAXD 分析，热处理过程中纤维微观结构变化可用图 4-54 表示。初纺中空纤维在热处理之前，结晶区、过渡区以及非晶区厚度均较薄，片晶的取向较差。在热处理过程中，非晶区的分子链段一部分重排进入过渡区形成更稳定的亚稳态折叠链结构。这种结构是介于大分子与片晶结构之间的过渡区，或者是形成了更稳定片晶。同时有部分分子链段直接排入结晶区形成更完善的片晶。因此在热处理过后，纤维中的片晶厚度与过渡区厚度均有所增加，并且片晶的取向会变得更好。

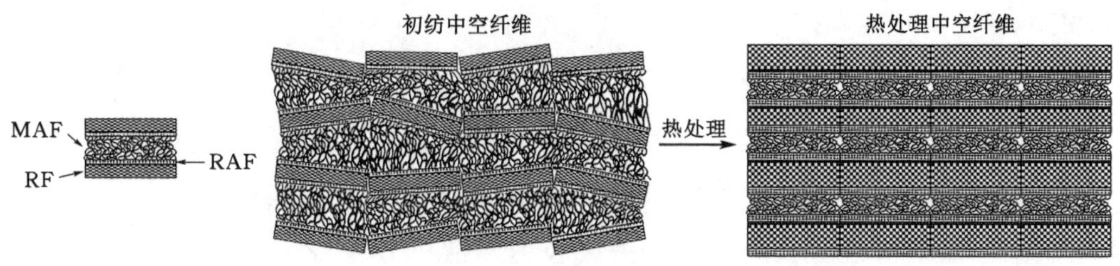

图 4-54　热处理前后 PP 相微观结构局部变化模型图

四、热处理温度对亲水 PP 中空纤维硬弹性的影响

图 4-55 是初纺 PEMAH-5 中空纤维和不同热处理温度中空纤维的应力-应变曲线。由图 4-55 可见：初纺 PEMAH-5 中空纤维虽然属于硬弹性材料力学行为，但是应力-应变曲线在二次循环后转折较缓，弹性回复较小。热处理后，所有样品均属于典型的硬弹性材料力学行为，具有更大的弹性回复，说明 PEMAH-5 中空纤维具有较好的硬弹性行为，具备拉伸成膜的条件。对所有样品进行弹性回复率测试，如图 4-56(a)所示。初纺 PEMAH-5 中空纤

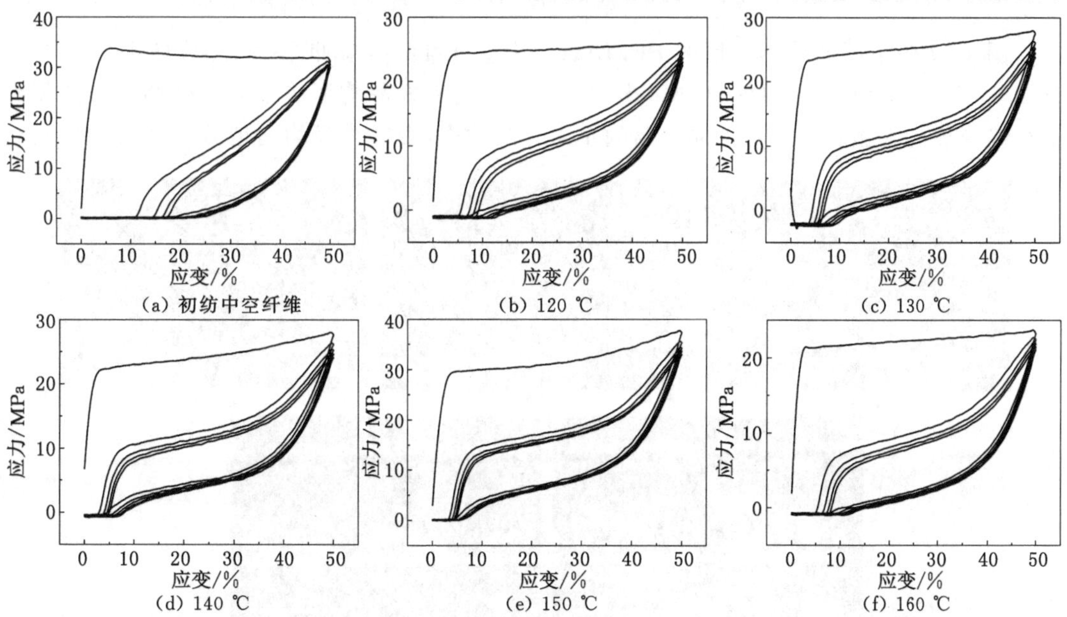

图 4-55　初纺 PEMAH-5 和不同热处理温度 PEMAH-5 中空纤维的应力-应弯曲线

(应变 50%，速率 50 mm/min)

维的弹性回复率为 91.1%。热处理温度为 120 ℃、130 ℃、140 ℃、150 ℃和 160 ℃时的 PEMAH-5 中空纤维的弹性回复率分别为 93.7%，95.3%，95.6%和95.3%；随温度升高，其弹性回复率先增大后减小。热处理后纤维拉伸强度与回复率具有相同的变化，即随着热处理温度升高，纤维的拉伸强度先增加后减小[见图 4-56(b)]。纤维拉伸强度和回复率受纤维结晶度、片晶厚度和取向度等因素的影响。随着热处理温度增加，纤维结晶度、片晶厚度以及取向度也是先增大后减小。不难想象纤维弹性回复率和拉伸强度的变化是纤维结晶度、片晶厚度以及取向度导致的。当热处理温度为 150 ℃时，纤维具有最大的拉伸强度和弹性回复率。

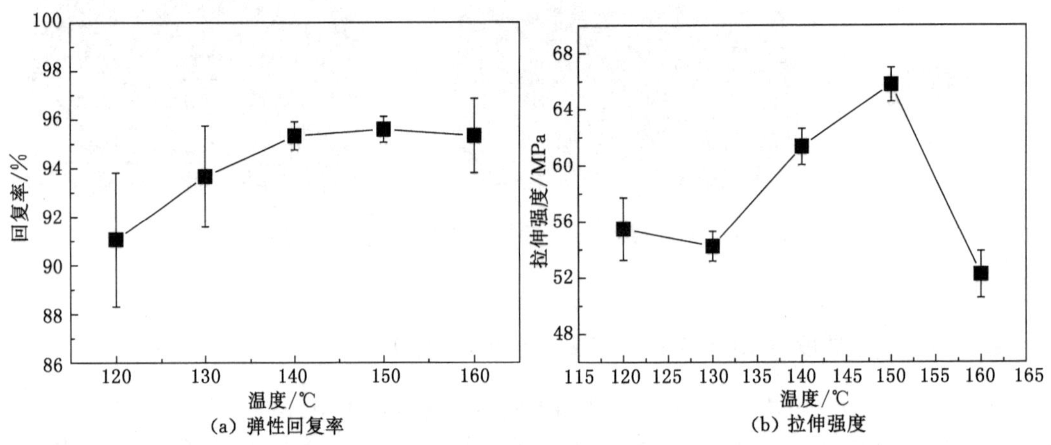

图 4-56　不同热处理温度 PEMAH-5 中空纤维的弹性回复率和拉伸强度

五、热处理温度对膜双微孔结构的影响

图 4-57 为不同热处理温度的 PEMAH-5 中空纤维经冷拉伸 20%、热拉伸 180%(总拉伸 200%)得到的 PEMAH-5-HFMs 内表面形貌。所有样品均形成了双微孔结构。两相界面分离形成的大微孔分布在片晶分离的小微孔结构中，微纤维又均匀地分布在两种微孔结

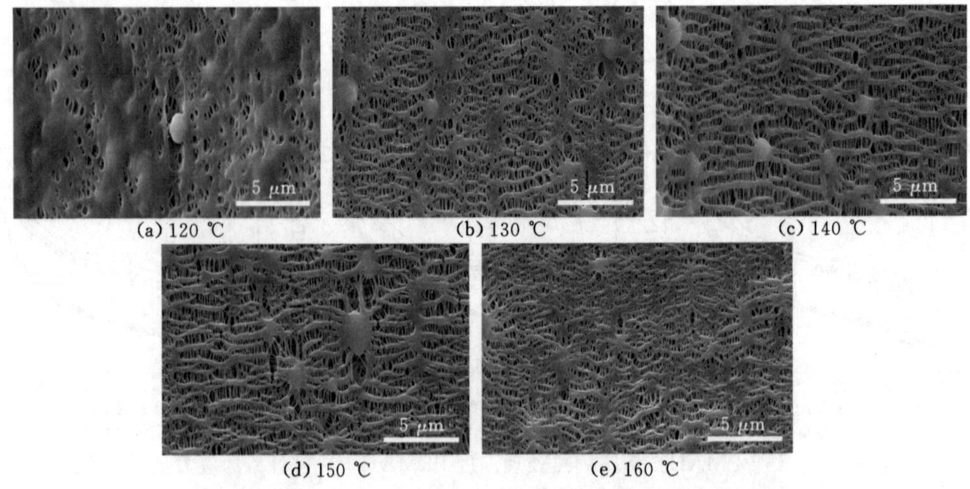

图 4-57　不同热处理温度的 PEMAH-5-HFMs 的内表面形貌(拉伸比例 200%)

构中。对于片晶分离形成的小微孔，由于热处理温度较低时，纤维 shish-kebab 结构完善度、结晶度以及片晶的取向程度较差。因此在 120 ℃热处理膜中，小微孔结构较少，存在较大区域无法拉伸成孔。随着热处理温度逐渐增加，小微孔结构逐渐增多，分布越来越均匀，片晶簇也逐渐变薄。当热处理温度为 160 ℃时，小微孔结构才又开始变得混乱。当热处理温度升高至 150 ℃时，纤维 shish-kebab 结构完善度、结晶度以及片晶的取向程度均得到有效提高，因此膜孔和片晶簇分布均匀。当热处理温度提高至 160 ℃时，部分片晶熔融并且二次结晶形成了取向差的片晶，在拉伸过程中由于受力不均使得小微孔和片晶簇又变得分布不均。对于相界面分离的大微孔结构，孔径随着热处理温度没有呈现明显的变化，但当热处理温度为 150 ℃时，形成的双微孔结构最佳。

图 4-58 显示了不同热处理温度的 PEMAH-5-HFMs 孔径和孔隙率分布曲线。孔结构的相关数据已列入表 4-14 中。对于双微孔结构，所有膜的孔径分布曲线中均呈现出两个分布峰[见图 4-58(a)]。随着热处理温度逐渐增加，小微孔孔径先增加后不变，分别为 62 nm、95 nm、121 nm、183 nm 和 183 nm，与热处理 PEMAH-5 中空纤维中片晶厚度变化相似；大微孔孔径没有呈现出明显的变化趋势，分别为 3 193 nm、3 913 nm、2 092 nm、3 209 nm 和 1 613 nm，这与 SEM 结果一致。对于膜孔隙率，所有膜的孔隙率主要呈先增大后减小趋势，分别为 65.7%、73.8%、78.5%、81.5%和 77.4%，由此可以看出双微孔结构中的大微孔可以明显提高膜孔隙率。热处理温度为 120 ℃时膜中的大微孔孔径较大，膜的孔隙率仍高达 65.7%。热处理温度低于 150 ℃时，小微孔孔径较小导致孔隙率较低；热处理温度高于 150 ℃时，大微孔孔径减小导致孔隙率有所降低。热处理温度为 150 ℃时膜孔隙率达最大值。

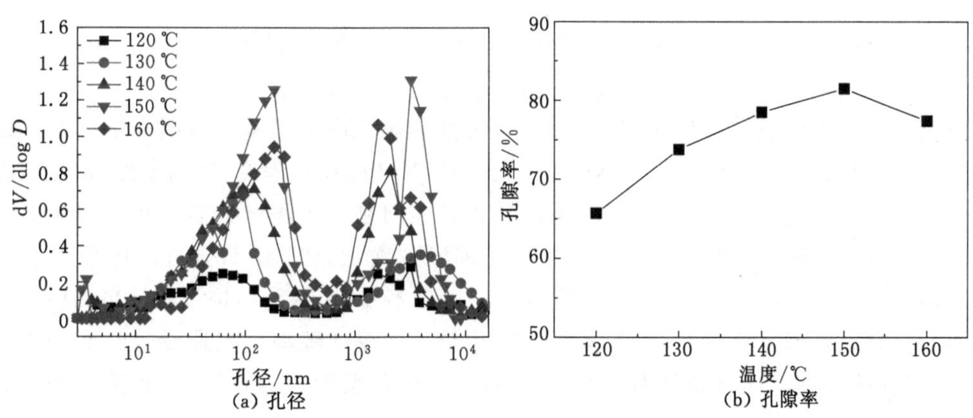

图 4-58　不同热处理温度 PEMAH-5-HFMs 的孔径和孔隙率分布曲线(拉伸比例 200%)

表 4-14　不同热处理温度的 PEMAH-5-HFMs 结构参数

温度/℃	120	130	140	150	160
$D_o/\mu m$	444	451	455	449	457
$D_i/\mu m$	346	349	345	348	354
D_{min}/nm	62	95	121	183	183
D_{max}/nm	3 193	3 913	2 092	3 209	1 613

六、热处理温度对双微孔亲水膜水通量的影响

不同热处理温度制备的 PEMAH-5-HFMs 水通量如图 4-59 所示。热处理温度为120 ℃、130 ℃、140 ℃、150 ℃ 和 160 ℃ 的水通量分别为(70.6 ± 5.9) L/(m^2 · h)、(109.5±6.4) L/(m^2 · h)、(141.5 ± 4.8) L/(m^2 · h)、(327.1 ± 7.7) L/(m^2 · h)和(247.4±6.5) L/(m^2 · h)。随着热处理温度的增加,水通量呈先增大后减小趋势。当热处理温度为 150 ℃时水通量达到最大值。这与膜孔隙率变化趋势相同。膜水通量主要受膜孔隙率、孔径、孔贯通性、亲水性和壁厚等因素影响。水通量的变化也反向证实了前文孔径分布与孔隙率的实验结果。

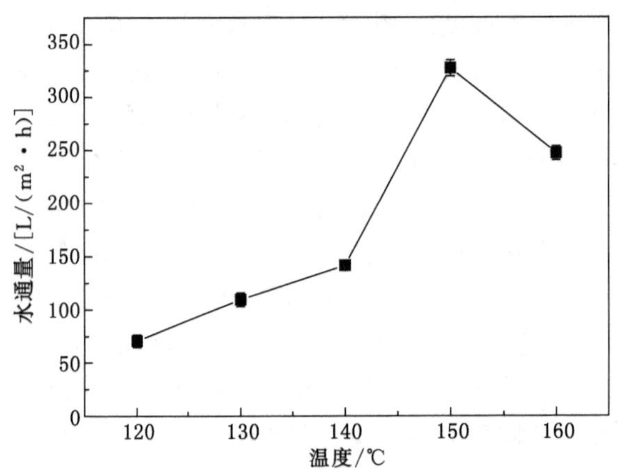

图 4-59　不同热处理温度制备的 PEMAH-5-HFMs 水通量(拉伸比例 200%)

综上所述,热处理温度对 PEMAH-5 中空纤维的微观晶体结构存在明显的影响。随着热处理温度增加,PEMAH-5 中空纤维中 shish-kebab 结构完善程度、片晶厚度、过渡区厚度与取向程度均先增大后减小,中空纤维的强度和弹性回复率也先增大后减小。当热处理温度为 150 ℃时,各参数均达最佳值。随着热处理温度增加,PEMAH-5-HFMs 双微孔结构中的小微孔孔径在 150 ℃前逐渐增加,在 150 ℃以后不变;大微孔结构没有呈现出明显的变化趋势。当热处理温度为 150 ℃时,双微孔结构最佳。膜孔隙率与水通量也具有相似的变化趋势,即随热处理温度升高其先增加后减小;当热处理温度为 150 ℃时,孔隙率和水通量达到最大值,分别为 81.5%和(327.1±7.7) L/(m^2 · h)。

第九节　拉伸比例对膜双微孔结构及性能影响

拉伸过程是微孔形成的过程。微孔形成经过冷拉致孔、热拉扩孔及热定型三个步骤。其中拉伸比例(包括冷拉比例和热拉比例)和热拉温度为影响 PPHFM 膜孔结构的重要因素。冷拉阶段为致孔阶段,该阶段主要是片晶的分离,也就是过渡区的片晶转变为微纤的过程。冷拉比例在 20%时膜结构与性能最佳[16]。热拉阶段则是孔的扩大阶段,此阶段温度升高,过渡区中相对较稳定的片晶可以转变为微纤,使得微孔结构扩大。本书制备的双微孔亲水 PPHFM 存在两种类型微孔,即片晶分离形成的小微孔和相界面分离形成的大微孔。双

微孔在拉伸过程中结构的演变过程与 PPHFM 膜的形成过程存在较大差异，并且对通过拉伸实现双微孔结构的调控意义重大。

本节以 PEMAH-5 共混物经前文中最佳的牵引速率和热处理温度制备热处理 PEMAH-5 中空纤维，在室温(20 ℃)下冷拉 20%，然后在 140 ℃下分别热拉 80%、130%、180%、230%和 280%，经 140 ℃热定型 1 h 后自然冷却至室温，得到总拉伸比例分别为 100%、150%、200%、250%和 300%的 PEMAH-5-HFMs。研究了在拉伸过程中双微孔结构的演变机理，并考察了拉伸工艺的主要因素——总拉伸比例对膜双微孔结构与膜性能的影响。

一、拉伸过程中膜双微孔结构的演变过程

由于无法实现实时监控微米级孔结构在拉伸过程中的形成与扩大过程，因此采用 FESEM 直观地观察不同拉伸比例的 PEMAH-5-HFMs 内表面形貌，来分析双微孔结构在拉伸过程中的演变和机理。图 4-60 为不同拉伸比例 PEMAH-5-HFMs 的内表面形貌。由图 4-60 可以看出，热处理 PEMAH-5 中空纤维没有拉伸时没有出现微孔，在拉伸 100%及以上比例后开始出现微孔。对于 PP 片晶分离形成的小微孔，由于小微孔的形成和扩大存在于整个拉伸过程中，因此在低拉伸比例下仍然可以观察到未分离的片晶簇[见图 4-60(b)和图 4-60(c)]。随着拉伸比例的增大，小微孔孔径和数量逐渐增加，片晶簇的厚度也变得更加均匀。当拉伸比例超过 200%时，片晶中开始发生位错和滑移，孔结构开始混乱，微纤维开始断裂，孔径减小。对于相界面分离形成的大微孔，在低拉伸比例时只有少部分相界面发生分离形成了较小的界面孔；随着拉伸比例的增加，大微孔的孔径和数量逐渐增加。当拉伸比例超过 200%时，大微孔形状变狭长，对应的孔径也开始减小。综上，两种类型的微孔在拉伸过程中是同时形成与扩大的，并且随着拉伸比例增加，孔径均先增加后减小，当拉伸比例为 200%时，两种微孔孔径均达最大值。

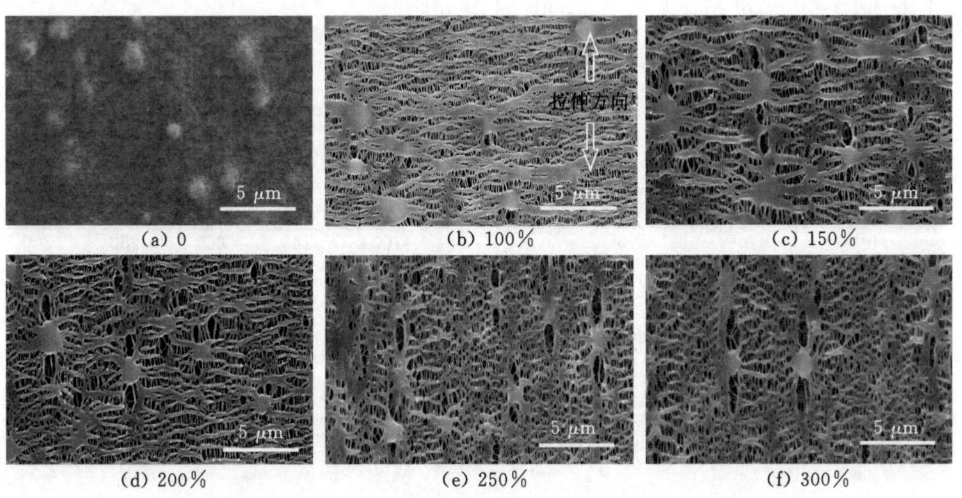

(a) 0　(b) 100%　(c) 150%
(d) 200%　(e) 250%　(f) 300%

图 4-60　不同拉伸比例 PEMAH-5-HFMs 的内表面形貌

二、拉伸比例对双微孔亲水 PPHFM 孔径分布及孔隙率的影响

图 4-61 显示了不同拉伸比例 PEMAH-5-HFMs 的孔径和孔隙率分布曲线。膜孔结构相关数据已列入表 4-15 中。对于膜双微孔结构，除了拉伸比例为 100％的膜以外，其他膜的孔径分布曲线中均呈现出两个分布峰[见图 4-61(a)]。随着拉伸比例逐渐增加，小微孔孔径先增大后减小，分别为 98 nm、120 nm、183 nm、119 nm 和 97 nm。由于相分离形成的大微孔在低拉伸比例下不能大量形成并且孔径较小，因此在拉伸比例为 100％的膜中没有出现分布峰。当拉伸比例逐渐增加后，相分离形成的大微孔孔径先增大后减小，分别为 2 102 nm、3 209 nm、2 543 nm和 1 614 nm；当拉伸比例为 200％时，大微孔孔径达最大值，与 FESEM 结果一致。对于孔隙率[图4-61(b)]，所有膜的孔隙率呈先增大后减小的变化趋势，分别为 47.2％、78.9％、81.5％、75.8％和 57.9％；当拉伸比例为 200％时，膜孔隙率达最大值(81.5％)，这也佐证了 FESEM 和孔径分布的实验结果。

表 4-15　不同拉伸比例 PEMAH-5-HFMs 的结构参数

拉伸比例/％	100	150	200	250	300
$D_o/\mu m$	496	472	449	439	420
$D_i/\mu m$	378	361	348	338	326
D_{min}/nm	98	120	183	119	97
D_{max}/nm		2 102	3 209	2 543	1 614

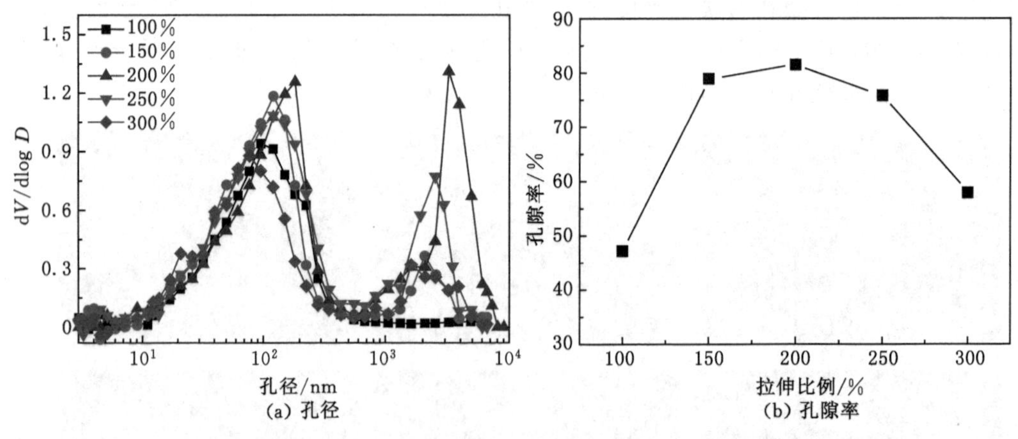

图 4-61　不同拉伸比例 PEMAH-5-HFMs 的孔径和孔隙率分布曲线

三、拉伸比例对双微孔亲水膜水通量的影响

图 4-62 所示为不同拉伸比例的 PEMAH-5-HFMs 的水通量。拉伸比例为 100％、150％、200％、250％ 和 300％ 时，膜水通量分别为 (109.1 ± 5.2) L/(m^2 · h)、(167.5±4) L/(m^2 · h)、(322.0 ± 8.8) L/(m^2 · h)、(257.1 ± 5.9) L/(m^2 · h) 和 (157.6±6.8) L/(m^2 · h)；随着拉伸比例的增加，膜水通量呈先增大后减小趋势，与膜孔隙

率变化趋势相同。膜水通量主要受膜孔隙率、孔径、孔贯通性、亲水性和壁厚等因素影响。当拉伸比例为 200％时膜水通量最大。

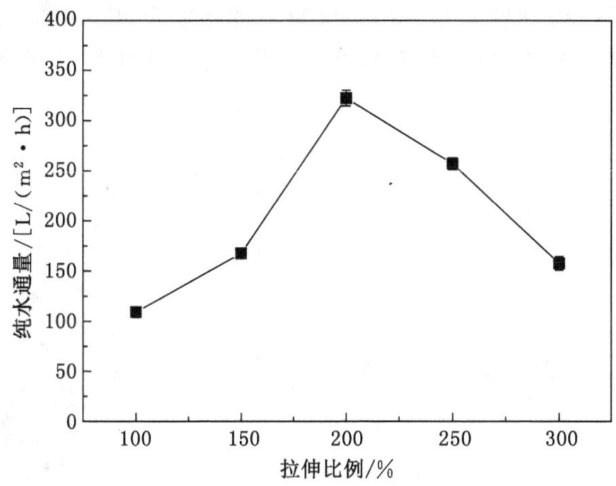

图 4-62　不同拉伸比例的 PEMAH-5-HFMs 的水通量

四、拉伸比例对双微孔亲水膜截留性能的影响

采用截留浓度为 0.1％的碳素溶液表征不同拉伸比例的 PEMAH-5-HFMs 的截留性能。图 4-63 呈现了不同拉伸比例的 PEMAH-5-HFMs 截留前后对比图。由图 4-63 可见，所有膜样品均能截留住碳素颗粒。图 4-64(a)所示为通过计算得到各样品的截留率。拉伸比例为 100％、150％、200％、250％和 300％时样品的水通量分别为 99.88％、99.88％、

(a) 纯水　(b) 100％　(c) 150％

(d) 200％　(e) 250％　(f) 300％

图 4-63　0.1％碳素溶液与不同拉伸比例的 PEMAH-5-HFMs 的渗透液对比图

99.84%、99.87%和99.81%。据3.7.3小节结果，膜截留性能主要是由片晶分离形成的小微孔决定的，尽管膜有大微孔结构存在，但仍具有较好的截留性能。为了验证膜截留实验的正确性，使用激光粒度分析仪测量渗透液中残留碳颗粒的粒径分布，如图4-64(b)所示。相对浓度为0.1%的碳素溶液，PEMAH-5-HFMs的渗透溶液中碳颗粒的尺寸显著减小。碳颗粒尺寸随着拉伸比例的增加而先增大后减小，与小微孔孔径变化一致，这证实了膜截留实验的正确性。

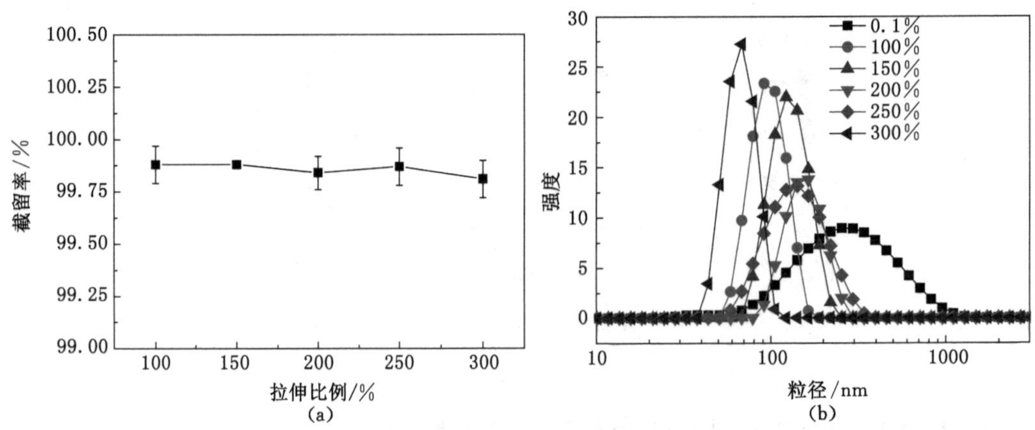

图4-64　不同拉伸比例的PEMAH-5-HFMs的0.1%碳素溶液截留率和渗透液中残留碳颗粒粒径分布

五、拉伸比例对双微孔亲水膜抗污染性能的影响

使用浓度为1.0×10^{-3}的BSA水溶液和去离子水作为模型污染物分别评估拉伸比例对PEMAH-5-HFMs抗污性能的影响。图4-65为第一次循环操作中所有膜的防污指数和时间-水渗透通量曲线。为了更准确地说明双微孔的构筑对膜抗污性能的影响，计算了膜的通量回复率(FRR)、总通量减少率(R_t)、可逆通量减少率(R_r)和不可逆通量减少率(R_{ir})。拉伸100%的膜的FRR、R_t、R_r和R_{ir}分别为79.41%，48.28%，27.70%和20.59%；拉伸150%的膜分别为76.87%，53.25%，30.14%和23.12%；拉伸200%的膜分别为74.72%，52.88%，

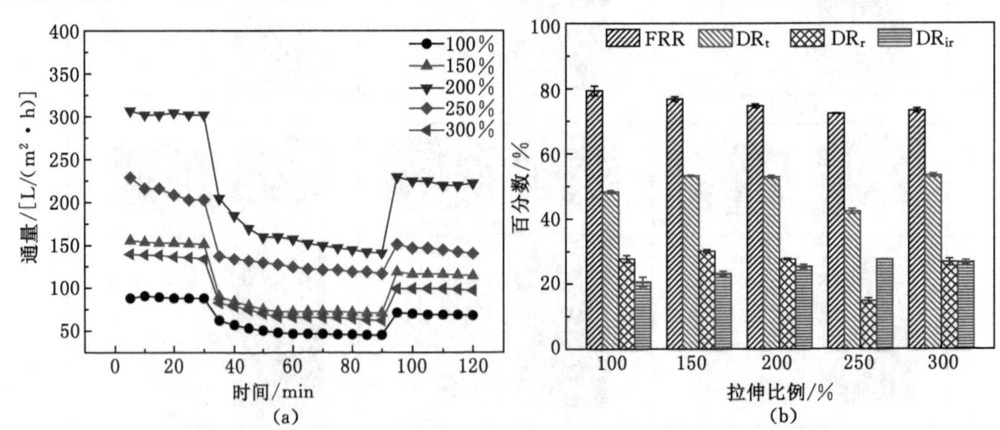

图4-65　不同拉伸比例的PEMAH-5-HFMs的水渗透量随时间变化曲线和抗污染指数总汇

27.61%和25.28%；拉伸250%的膜分别为72.41%，42.35%，14.76%和27.59%；拉伸300%的膜分别为73.32%，53.36%，26.69%和26.67%。随着拉伸比例增加，膜FRR逐渐减小，R_{ir}逐渐增加，这说明膜抗污性能随拉伸比例增加而降低，在清洁过程中去除难度增加。在拉伸过程中，膜孔径先逐渐增加后逐渐变狭长，这更有利于污染物的黏附，因此膜抗污性能逐渐降低。

综上所述，在拉伸过程中，双微孔结构中的大小微孔同时形成与扩大，并在拉伸过程中孔径随着拉伸比例增加先增加后减小，当拉伸比例为200%时达最大值。膜孔隙率与纯水通量也具有相似的变化趋势，即随着拉伸比增加，先增加后减小。当拉伸比例为200%时，孔隙率和纯水通量达最大值，分别为81.5%和(322.0±8.8) L/(m^2・h)。尽管拉伸比例增加在一定程度上会降低膜的抗污性能，但通过拉伸比例可以制备出具有不同孔径的双微孔亲水PPHFM，实现双微孔结构的调控。

参考文献

[1] ZHOU M H, YU J G, YU H G. Effects of urea on the microstructure and photocatalytic activity of bimodal mesoporous titania microspheres[J]. Journal of molecular catalysis A: chemical, 2009, 313(1/2): 107-113.

[2] YU J G, WANG G H, CHENG B, et al. Effects of hydrothermal temperature and time on the photocatalytic activity and microstructures of bimodal mesoporous TiO_2 powders[J]. Applied catalysis B: environmental, 2007, 69(3/4): 171-180.

[3] ZHANG Y, KOIKE M, YANG R Q, et al. Multi-functional alumina-silica bimodal pore catalyst and its application for Fischer-Tropsch synthesis[J]. Applied catalysis A: general, 2005, 292: 252-258.

[4] 苏志才，承民联.PP/EVOH/PA6共混物的性能研究[J].塑料科技，2010，38(10)：59-63.

[5] LIAO H Y, LU H B. Rheological behavior of a LDPE/PS/SBS blending melt[J]. Polymer bulletin, 2014, 71: 3237-3247.

[6] TEH J W, BLOM H P, RUDIN A. A study on the crystallizationbehaviour of polypropylene, polyethylene and their blends by dynamic mechanical and thermal methods [J]. Polymer, 1994, 35(8): 1680-1687.

[7] SHAO H J, WEI F J, WU B, et al. Effects of annealing stress field on the structure and properties of polypropylene hollow fiber membranes made by stretching[J]. RSC advances, 2016, 6(6): 4271-4279.

[8] SAFFAR A, CARREAU P J, AJJI A, et al. Development of polypropylene microporous hydrophilic membranes by blending with PP-g-MA and PP-g-AA[J]. Journal of membrane science, 2014, 462: 50-61.

[9] BHATTACHARYYA A R, SREEKUMAR T V, LIU T, et al. Crystallization and orientation studies in polypropylene/single wall carbon nanotube composite[J]. Polymer, 2003, 44(8): 2373-2377.

[10] TABATABAEI S H, CARREAU P J, AJJI A. Microporous membranes obtained from polypropylene blend films by stretching[J].Journal of membrane science, 2008, 325(2): 772-782.

[11] LIU Y N, SU Y L, ZHAO X T, et al. Improved antifouling properties of polyethersulfone membrane by blending the amphiphilic surface modifier with crosslinked hydrophobic segments[J].Journal of membrane science, 2015, 486: 195-206.

[12] SHI H Y, XUE L X, GAO A L, et al. Fouling-resistant and adhesion-resistant surface modification of dual layer PVDF hollow fiber membrane by dopamine and quaternary polyethyleneimine[J].Journal of membrane science, 2016, 498: 39-47.

[13] ROVÈRE A D. Characterization of hollow fiber properties during the melt spinning process[D].Oklahoma: University of Oklahoma, 2000.

[14] BOYD R H. Relaxation processes in crystalline polymers: experimental behaviour: a review[J].Polymer, 1985, 26(3): 323-347.

[15] TABATABAEI S H, CARREAU P J, AJJI A. Microporous membranes obtained from PP/HDPE multilayer films by stretching[J].Journal of membrane science, 2009, 345(1/2): 148-159.

[16] 韦福建.熔纺-拉伸法制备高性能聚丙烯中空纤维膜的研究[D].贵阳:贵州大学, 2016.

第五章　聚丙烯中空纤维膜应用

聚丙烯中空纤维膜(PPHFM)具有抗冲击、耐腐蚀、单位膜面积大和分离效率高等优点,主要应用在水处理、膜蒸馏、气体分离及生物医药等领域。但熔融纺丝-拉伸法(MS-S)制备的PPHFM由于孔结构单一、片晶簇叠加和PP疏水性导致膜孔隙率较低和亲水性差,使膜在水处理领域或水溶液分离时存在水通量低和抗污染性能差等问题,因此限制了PPHFM的实际应用。相变储能材料(PCM)是一种能够通过周围环境温度调节自身相变从而吸收环境中热量或将自身储存热量释放出来的新型功能材料,具有储能密度大、温度恒定和过程易控制等优点。PCM在电子信息、太阳能存储、建筑保温、工业余热和废热回收及航空航天等领域具有广阔的应用前景。柔性复合相变储能材料不仅可以用在一般条件下,还可以用在一些比较复杂的环境中,具有更大的潜在应用前景。这种相变储能材料与纺织技术的相结合可得到对温度进行控制的智能纺织品。采用熔融纺丝制备的PPHFM外直径和内直径分别在450 μm左右和350 μm左右,具有中空结构与多孔膜壁,具有非常好的硬弹性行为,可用于制备柔性相变储能材料。

本节将总结分析PPHFM的各个方面的应用与存在的问题,同时介绍PPHFM作为支撑材料用于制备柔性PPHFM基相变纤维材料。

第一节　聚丙烯中空纤维膜应用

随着膜技术的发展,PPHFM在进行亲水和疏水改性后可应用在许多新兴应用,如水处理应用、油水分离、生化与生物医学应用、膜蒸馏、气体吸附、膜结晶等[1]。

一、水处理应用

膜在很多水处理领域都可以发挥重要作用,例如饮用水处理、海水淡化以及废水处理和回用。多孔PPHFM已发现在水处理中具有重要应用。PPHFM在海水淡化中一般用于海水的预处理,但在使用中存在膜老化的问题[2]。倪阳等对PPHFM在海水淡化中的老化现象进行了研究,分析了PPHFM海水浸泡后强度降低的原因[3]。PPHFM在污水处理中应用得较早,刘国华[4]在1998年就用PPHFM用于油田含油污水的处理中,结果处理后的水质可达油含量≤1 mg/L,悬浮固体含量≤1 mg/L,固体颗粒直径≤2 μm的占总体积的90%以上,完全可以达到低渗透油层注入水的要求。然而,膜污染是水处理应用的主要障碍。因此,必须进行预处理,以免由于膜污染而导致膜过早老化。在这方面,提高膜的亲水性将更具有优势,因为亲水改性可以有效地减少膜污染。

由于膜污染是膜生物反应器(MBR)主要考虑的因素,因此PPHFM作为MBR的基膜是研究最成熟的应用之一。MBR是膜分离技术与生物处理技术有机结合的新形态废水处理系统。以膜组件取代传统生物处理技术末端二沉池，在生物反应器中保持高活性污泥浓度，提高生物处理有机负荷，从而减少污水处理设施占地面积，并通过保持低污泥负荷减少剩余污泥量。由于这项技术主要是利用膜分离设备截留水中的活性污泥与大分子有机物，因此当使用疏水性膜时，蜡质和含有脂质的活性污泥性质让膜结垢变得更持久，从而疏水作用会加剧结垢。进行亲水改性后，MBR 中 PPHFM 的亲水性能会增强，使膜污染趋势降低[5]，这有利于解决 MBR 操作过程中常见的膜污染问题。当亲水改性后的 PPHFM 直接用于 MBR 时，与未改性 PPHFM 相比，具有更低的通量衰减量和更高的高通量恢复率，如表 5-1 所示。

表 5-1　亲水改性 PPHFM 作为 MBR 基膜性能

方法	亲水组分	改性程度	性能参数			参考文献
			通量恢复率/%	通量衰减/%	相对通量比	
吸附	吐温 20	基膜	20	90	1	[6]
		102.05 μmol/g 膜	60	87.14	1.4	
固定	PVP	基膜	36.8	77.1	1	[7]
		6.8(固定度)	89.8	59.2	1.79	
等离子体处理	H_2O	基膜	7.9	9.45	1	[8]
		处理 2 min	8.4	93.8	1.12	
		处理 4 min	8	94.4	1.02	
	空气	基膜	15	86	1	[9]
		处理 4 min	22	95	1.32	
接枝聚合	AAc	基膜	13.65	98.9	1	[10]
		8.98 接枝率	20.85	98.7	1.18	
		30.27 接枝率	25.2	97.38	2.39	
	GAMA	基膜	31.51	90.72	1	[11]
		61.3 重复链	18.31	89.05	1.775	
		74.4 重复链	16.28	87.17	2.25	

此外，废水中的除油工艺也是控制污染的重要方面。工业生产中会产生大量的以油-水(o/w)或水-油(w/o)乳液的形式液体废弃物，例如石化、冶金和运输行业。因此，需要发展可以分离出各种油水混合物的技术或材料。而提升 PPHFM 超疏水性和超亲油性可有效提高油水分离效率[12-13]。具有超疏水性和超亲油性的 PPHFM 可以分离出油中的水乳液，无论是由表面活性剂稳定的体系还是由重力驱动的游离表面活性剂体系均具有高分离效率(分离后滤液中的油纯度高 99.95%)[14]。超疏水性表面上的分离过程是基于流体对膜的润湿性[15]。另外，超疏水材料具有出色的可重复使用性[16]。因此，超疏水和超亲油的 PPHFM 是用作油水分离膜的理想选择。

二、生化与生物医学应用

PPHFM 还可以用于生物医学和生化应用，例如透析、血浆电泳、血氧交换器和生物传感器[17]。对于这些应用,改性膜因具有持久的抗污性能表现出更好的性能。目前,使用氨等离子体处理过的 PPHFM 已经成功制备出了尿素生物传感器[18]。通过将表面处理过的膜表明与脲酶交联,以检测是否有尿素透过膜材料。实验表明,所制备的生物传感器在长达 12 d 的持续运行中仍能保持稳定。此外,研究者也对甲基丙烯酸羟乙酯(HEMA)接枝的 PPHFM 进行了透析测试,其测试结果表明与 PPHFM 基膜相比,HEMA 接枝的 PPHFM 对尿素和尿酸的渗透性更高[19]。

损坏的肝脏功能也可以采用 PPHFM 代替,如将 PPHFM 经过氨基酸接枝聚合反应后再固定胶原蛋白[20]。在改性后的 PPHFM 表面培养肝细胞,细胞形成的聚集体明显地表现出良好的黏附性。该技术是基于膜表面存在的胶原蛋白,这种蛋白将有助于模仿肝脏中细胞外基质的真实状态。通过检测尿素和总蛋白的生成量进一步验证了这项技术的有效性。因为随着肝细胞培养时间的延长,尿素和总蛋白的值会增加。然而,在没改性的 PPHFM 基膜中则无法实现干细胞的培养。此外,血液领域是亲水性 PPHFM 在生物医学应用的常规研究的之一。在血液过滤应用中,为了防止蛋白质吸附同时允许水溶液通过,在某种程度上需要亲水性膜[21]。在血液充氧器中也遇到了同样问题,蛋白质吸附和血小板黏附会导致气体渗透率降低[22],亲水改性后的膜将表现出更好的性能。

牛血清蛋白(BSA)是一种血液蛋白质,经常被用作研究亲水性 PPHFM 的防污模型。亲水化后的 PPHFM,表面蛋白质吸附会减少,同时渗透率和膜通量恢复率会提高[23-24]。这是由于膜表面亲水性增加提高了膜表面的含水量,从而阻止了蛋白质吸附[25]。此外,蛋白质与改性剂化合物之间通过静电排斥作用也可能有助于抑制蛋白质靠近而无法黏附在膜表面[26-27]。直接使用血液溶液进行抗污染研究时也发生了这个现象,因为膜一旦进行亲水改性,就可以明显抑制蛋白质吸附引起的结垢现象[28-29]。此外,血液溶液中血小板的失活也证实了这个结论。因为与未改性 PPHFM 膜表面血小板的聚集相比,改性后膜表面上的血小板没有出现聚集现象[30]。

三、膜蒸馏应用

膜蒸馏(MD)是非等温膜分离工艺之一[31]。在该过程中,通过使用疏水性微孔膜将温度不同的两种水性流体分开。温度差使蒸汽分子通过膜孔从进料口(热端)移动到渗透侧(冷端)[32-33]。高度疏水的膜具有抗湿性,可防止液相传质并在孔中形成气液界面[34-36],从而实现更好的蒸汽传输[37]。除了疏水性,MD 中使用的膜还必须具有良好的热稳定性(最高 100 ℃)、良好的耐化学性、高渗透性、狭窄的孔径分布和低热导率[38]。PPHFM 由于其疏水性,耐热性和耐化学性,良好的机械强度和较低的生产成本而成为 MD 中经常使用的商业微孔疏水膜之一[39]。使用 PPHFM 作为 MD 工艺中的接触装置的研究表明,该方法可以获得很高的截留率(截留率为 99.96%~99.98%)[40]。据报道,以太阳能和风能为动力,MD 可在长达 10 d 的时间内稳定地运行。但是,疏水性 PPHFM 也不能完全抵抗水溶液,在长期运行过程中会观察到膜部分润湿[41]。运行 30 d 后,膜的渗透率降低了约 30%,而 2 个月后,整个膜表面会被完全润湿[42]。膜的润湿是由于膜结构中存在亲水基团引起的。为了减少润湿,膜应具有较高的防止液体渗入微孔的能力[43]。这可通过使用疏水性或超疏水性材料来制备膜,或者使用孔径较小的膜来改善这种防止液体渗入微孔的能力[44]。因此,需要增加 PPHFM 的超疏水性并确定合适的孔径以获得良好的 MD 性能[45]。

四、气体吸附应用

膜气体吸收(MGA)是一种将传统的气体吸收技术结合到溶剂与膜接触器作为传质装置的分离过程。膜接触器上的微孔膜用作保持相间质量传递和改善多相间质量传递的工具[46]。该技术的性能极大地受到膜与系统中用作吸收剂的溶剂之间润湿情况的影响。PPHFM 是在 MGA 工艺中常用疏水膜之一[47]。MGA 可以除去一些气体包括 CO_2、O_2、SO_2和酸性气体[48-52]。然而,研究发现由于在长期运行中膜孔将逐渐被液体吸收剂润湿,因此 MGA 大规模地用于吸收 CO_2仍很难实现。尽管 PPHFM 是疏水性膜并且可以抵抗吸收剂的润湿,但溶剂仍然可以渗透到某些孔中。而 PPHFM 被溶剂润湿会导致膜电阻明显增加,从而导致性能下降[53-54]。

Lv 等[55]研究了在 PPHFM 上使用各种吸收剂的润湿过程,发现连续 90 d 使用膜会引起膜的溶胀,吸收剂润湿了部分微孔并降低了接触角。运行 30 d 后,接触角从 109.6°下降到 100.8°,接触角下降表明膜的疏水性降低了[56]。从烟气中 CO_2传质速率降低和长时间运行时间下膜阻力增加可以说明这一点。连续运行 14 d 后,CO_2传质速率相对初始速率降低了约 59%[57]。当膜被润湿了约总长度的 10%,膜的电阻将显著增加至 70%[58]。为了优化膜性能,溶剂不应进入膜孔。因此,高度疏水的微孔膜成为膜接触器开发的主要挑战之一。值得一提的是,可以通过将 PPHFM 表面改性为超疏水膜来实现[59]。目前已经使用了几种方法来增加 MGA 应用中 PPHFM 的疏水性,包括等离子体处理和膜表面涂层。表面改性可以使气体通量增加 100%以上[60],这也表明在 PP 膜上成功引入了超疏水性基团。

五、膜结晶应用

膜结晶是使用微孔疏水膜从过饱和溶液中生成晶体的另一种技术[61]。在膜结晶中,膜不仅充当选择性屏障,而且产生并保持气液界面不进入孔中[62]。膜根据温度或组成差异分离为由两种液体组成的子系统。两个子系统之间的压力差会导致溶液中挥发性成分蒸发,通过孔的扩散以及最后在相反侧的冷凝(馏出物或汽提)[63]。PP 膜已在膜结晶过程中用于多种应用中,例如,从水流中回收 Na_2CO_3、生产溶菌酶晶体和从废水中去除硫酸钠[64-66]。在从过饱和溶液中结晶的大分子中,通过确定溶液的浓度和流速可以很容易地控制生长和成核速率,从而获得高质量的晶体。PPHFM 的疏水性可防止液相中各种成分、大分子和电解质通过微孔,这为晶体成核和生长提供了过饱和的环境,因此结晶过程能够迅速进行。

第二节　相变储能材料简介

储能材料是指在特定的条件下可以将暂时无法利用的一定形式的能量进行储存,然后在需要时再以特定的条件进行能量的释放和利用的这一类材料的统称。目前主要有相变储能材料(PCMs)与化学储能材料[67]。早在 20 世纪 60 年代人们便对 PCMs 这一概念已经有了一定的科学认识并对其展开了研究,在 1982 年得到快速发展,开始成为研究热点。在近几年来,国内外的学者主要是在如何对 PCMs 进行封装以及如何增强 PCMs 的热导率等方面进行了研究。

目前,PCMs 主要可以按照相变的类型、相变的温度、组成的成分来分类[68-69]。以相变类型可以分为固-液、液-气、固-气、固-固四种类型[70-71]，其中液-气与固-气两种类型具有储存能量密度大的优点，固-液类型具有相变潜热值大、相变温度范围广以及储存能量密度大等优点，但是这三种类型含有液态和气态，导致在实际应用中具有较大的难度以及较高的成本。固-固类型具有储存能量密度大、反应体积小等优点，且不含液态和气态，所以在实际应用中难度以及成本相对较低。但是也存在着传热性能较弱、具有潜在的可燃性和具有毒性等不足，并且由于目前对固-固类型 PCMs 的研究还较少，故现阶段相对被广泛应用的还是固-液型 PCMs。以相变温度来分有三类[72]：低于 15 ℃的为低温 PCMs，主要用于食品工业和空调节能等领域；高于 15 ℃但低于 90 ℃的为中温 PCMs，主要应用于建筑节能、医疗、太阳能发电、纺织、电子等领域；高于 90 ℃的为高温 PCMs，主要应用于工业生产、航空航天等领域。而以组成成分来分也有三类，分别是无机 PCMs、有机 PCMs 和复合PCMs(CPCMs)[73]。

一、相变材料种类

（一）无机相变材料

无机 PCMs 具有导热性能好、储能密度大、相变过程体积变化小等优点，但同时也存在着稳定性差、过冷现象、相分离、具有腐蚀性等主要缺陷。目前在无机 PCMs 中较为常见的主要有结晶水合盐类、金属及合金以及熔融盐类[74]。这其中最典型的无机 PCMs 就是结晶水合盐类，一般用化学通式 $AB \cdot xH_2O$ 来对其进行表示(字母 A、B 表示无机盐的种类，字母 x 表示水合盐中结晶水的数量)，在生活中最为常见的无机水合盐类就是碱金属的醋酸盐、硝酸盐、卤化物、磷酸盐及其它们的共晶盐等[75]。它因为具有廉价、较宽的熔点范围(10～100 ℃)、存储能量密度大、热导率高以及溶解热大等优点，在低温和中温相变储能领域得到广泛的应用。但是结晶水合盐在实际的应用中还是存在过冷现象和相分离现象的缺陷，从而使得其相变的过程不受控制，最终导致储存能量的能力下降。因而在使用过程中通常需要引入杂质以及加入适当的增稠剂来加以改善这一存在的不足。

与结晶水合盐类不同的是，金属及合金主要在高温相变储能领域中应用较为广泛。它具有相变潜热值大、导热效率高、储能密度大、性价比高、无污染等优点。但是这并不意味着所有已知的金属及其组成的合金都能够应用到相变储能领域中[76]，通常使用地球上储量较为丰富的铝、镁、铜、锌四种金属组成的二元或者三元合金作为相变储能材料。但是其在实际应用中也还是存在随着外界环境温度的升高金属会变成高温的熔融态使得其活性增加，从而易与容器等发生反应的问题。为了有效改善这一问题，目前采取的主要措施就是控制其应用过程中的环境温度(低于 600 ℃)以及对封装容器进行氧化处理。

熔融盐类具有稳定性好、热导率高、价格便宜、相变温度广(100～1 000 ℃)、储能密度大、较好的导电能力以及较高的离子迁移速度等优势，从而被广泛应用于太阳能发电和军事化工等领域。熔融盐是无机盐的一种熔融的状态，在生活中最常见的有碳酸钾、碳酸钠等碳酸盐；氯化钠、氯化钙等卤化物和硝酸盐、磷酸盐、碱金属等[77]。同样的，熔融盐类相变储能材料也有着明显的腐蚀性以及对身体有害等缺陷，在目前对熔融盐类相变储能材料的实际应用中通常是采取将不同的熔融盐或者是熔融盐与有机物以不同的比例混合、选取具有较高耐腐蚀性的封装材料的方法来解决存在的问题从而进一步扩大其应用范围。

（二）有机相变材料

相对无机 PCMs，有机 PCMs 具有无过冷现象、较强的稳定性、不易发生相变分离、良好的固体成型能力以及腐蚀性小等优点；具有热导率低、易燃、较强的毒性等缺点。目前常见的有机 PCMs 主要有脂肪酸、多元醇、石蜡等。

脂肪酸是由碳、氢、氧三种元素构成的一类化合物，其化学通式为$CH_3(CH_2)_{2n}COOH$。它具有相变潜热值大、储能密度大、相变温度可根据自身拥有的碳原子数量进行调控（即相变温度、相变潜热值的大小会随碳原子数目的增加而增加）以及具有固-固类 PCMs 的特点而使其实际应用过程的难度小等优点。这类材料主要应用在建筑节能、太阳能储存等领域中。目前月桂酸、硬脂酸、棕榈酸和肉豆蔻酸等碳原子数量在 10 到 18 范围内的脂肪酸类被主要应用为 PCMs[78]。其主要缺点是生产成本较高、热稳定性较差、热导率低以及易分解挥发等，因此在实际应用过程中如何对其进行有效的封装进而增强其热稳定性是需要进行研究的问题。

多元醇是分子中含有两个或两个以上羟基的醇类物质统称，通常用化学通式 $C_nH_{2n+2-x}(OH)_x(x>2)$表示。与脂肪酸类不同的是多元醇类的储能机理主要是依靠其晶体在有序和无序之间的转换从而实现对能量的存储和释放[79-80]，具有相变潜热值大、相变体积变化小、腐蚀性小、无液相泄露、无相分离现象以及稳定性好等优点。因为单元体系的多元醇类具有较高的相变温度，所以比较广泛应用于中、高温相变储能材料领域。但是若是将不同的多元醇类物质以适当的比例进行组合形成多元体系，那么便可以有效降低其相变温度从而在低温相变储能领域也能得到应用。多元醇类与脂肪酸类 PCMs 相同的是它们都属于固-固型 PCMs，因此多元醇类 PCMs 的相变潜热值也是可调控的，相变潜热值会随着—OH 的数量的不断增加而增大。KAIZAWA 等[81]的研究发现，在多元醇类 PCMs 中，木糖醇和赤藓糖醇 PCMs 的潜热值相较其他有机 PCMs 的潜热值更高，其中赤藓糖醇的相变潜热值达到了 344 kJ/kg。

（三）石蜡

石蜡，是一种白色无味的蜡状固体，目前在有机 PCMs 中最具代表性。它是从石油或者沥青、页岩油中经过加工精制所得到的一种副产品，由于加工精制程度不同可以得到全精炼石蜡、半精炼石蜡以及粗精炼石蜡三种。而每一种又可以根据其熔点的不同再对其进行分类，例如 66 号、68 号、70 号石蜡等[82]。表 5-2 中列出了部分石蜡的热物理性质[83]。

表 5-2　部分石蜡的热物理性质

相变材料	熔点/℃	潜热/(kJ/kg)	热导率/[W/(m·k)]	密度/(g/cm³)
正十四烷	5.8	227	0.18	0.77
石蜡切片	64	266	0.34	0.79
石蜡 T3	53	130	0.22	—
石蜡 $C_{13\sim24}$	22～24	189	0.21	0.76
石蜡 $C_{21\sim50}$	66～68	189	0.21	0.83

从化学角度来说，石蜡是由固态高级烷烃构成的混合物，主要组成成分是直链烷烃，一般用化学通式 C_nH_{2n+2}表示（n 的取值范围为 17～35），其余次要成分是侧链单环环烷烃以及支链烷烃。而其中烷烃链的链长对石蜡熔点有着很大的影响，也就是其熔点会随着烷烃链长的增加而增高；反之，烷烃链长越短，其熔点就越低。但是值得注意的是：石蜡的熔点并

不是会随着其组成成分的烷烃链长的增长而无限制的增高，而是增高到某一极限值后会趋于稳定[84]，这也就意味着石蜡类 PCMs 的相变温度不会有一个确定的数值，而是一个相对应的范围。石蜡的储能机理是由于外界温度的变化从而实现其固态与液态之间的相互转换，在这个状态转换的过程中进行热量的吸收储存以及释放。石蜡的这一储能实现的过程中无过冷现象、无腐蚀性、无相分离且很难发生化学反应，加之有机 PCMs 石蜡本身便具有较高的热稳定性、低廉的价格、较高的热稳定性和较高的相变潜热值等优势，使得其在建筑节能、纺织品、航空航天、太阳能蓄热、电子等领域具有广泛的应用。然而，石蜡也存在着热导率低、密度小、易燃、相变过程中体积变化使得封装困难导致液态易泄露、易脱离基底材料等明显的缺点。所以目前为了能够更好地应用石蜡 PCMs，如何对其进行封装从而防止液态的泄露以及如何提高其热导率是研究的关键。

二、石蜡的封装方法

在目前国内外对固液型 PCMs 的封装技术主要微胶囊封装、复合纺丝法、与多孔载体复合法等。

（一）微胶囊封装法

微胶囊将一种成膜材料对固液型 PCMs 进行包覆，从而使其形成微小固体粒子（一般粒径在 2～1 000 μm 范围内），封装后得到的 PCMs 被称为微胶囊 PCMs。将相变储能材料进行微胶囊封装不仅能够使其与外界环境进行隔离进而有效避免与外界环境的反应，还能够使得 PCMs 的比表面积增大进而增强其导热性能；另外，固一液型相变储能材料进行微胶囊封装可以实现永久固态华，从而有效的解决固液型 PCMs 所存在的液态易泄露和相分离等问题。在现阶段主要常见的制备微胶囊 PCMs 的方法有界面聚合法、溶胶凝胶法、原位聚合法和复凝聚法等，而这其中原位聚合法又是相对最简单常用的。它的原理是通过引发剂的作用将在溶液中的壁材基体进行预聚，进而形成分子量较小的预聚体，然后再随着聚合反应的不断进行使得预聚体的尺寸不断变大后逐渐沉积在被封装的 PCMs 表面，直到致密的胶囊外壳的形成等步骤从而实现微胶囊 PCMs 的制备。王大程等采用硬脂酸和碳纳米管作为核心材料，聚甲基丙烯酸甲酯作为壁材，利用原位聚合法进行了微胶囊相变储能材料的制备，研究发现其相变时间较之于纯 PCMs 硬脂酸缩短了 48%，热稳定性也有明显的提升[85]。黄金等应用原位聚合法，对 $Na_2HPO_4 \cdot 12H_2O$ 和脲醛树脂进行合成制备了球状壳/核结构的微胶囊相变储能材料，其封装效果良好[86]。

然而微胶囊 PCMs 也存在着制备工艺较为复杂、某些制备过程可能会释放有害自然环境的物质和对作为壁材材料的要求较高（要具有良好的机械强度和化学稳定性、具有较高的熔点以及无毒无害等特性）等缺陷，使其目前在商业化及工业规模化等应用上还不够成熟。

（二）复合纺丝法

复合纺丝法主要有干法、湿法纺丝和静电纺丝三类。这其中湿法纺丝与干法纺丝制备相变储能材料的工艺过程是相同的，第一步是在纺丝原液中共同置入 PCMs 与封装材料（纤维基体高聚物）进行快速溶解，进而使得溶剂渗透进入高聚物内部使其发生溶胀。第二步进行的是对其中杂质的清除，也就是进行过滤、脱泡的操作，从而使得的原液能够变得相态均一和具有更加稳定的性质。第三步是将原液置入纺丝机，在机械作用下以细流形式进入凝固浴，进而制备得到初生纤维。第四步在凝固浴中将初生纤维中的溶剂进行扩散，从而析出形成复合相变纤维[87]。李佳佳等采用湿法纺丝法，采用正硅酸乙酯作为壁材、RT27 石蜡为核心材料制备了微胶囊相变储能纤维，通过其截面的扫描电镜图观察发现制备得到的复合纤维中微胶囊分布均匀，对其化学结构未造成破坏，储热性能良好[88]。李昭等以聚乙烯醇、聚乙二醇分别作为纤维基体和 PCMs、以丁烷四羧酸作为交联剂，利用干法纺丝技术使得聚乙二醇以化学键的形式被封装于聚乙烯醇中，从而能够有效抑制其液态泄露问题[89]。静电纺丝法是通过静电场的作用使得相变聚合物原液成为细流，然后进行溶剂的蒸发进而固化得到初生纤维，利用该技术制备得到的相变储能材料封装性强，具有较强的导热性能，在航空航天、生物医学等领域有着广泛的应用。柯惠珍等通过静电纺丝法，采用聚对苯二甲酸乙二酯作为纤维基体，PCMs 是单硬脂酸甘油酯，制备得到其复合相变纤维[90]。

（三）多孔载体复合法

多孔载体复合法是指将 PCMs 分散到多孔封装载体内部的孔道中，从而将 PCMs 的结构微钠化且实现与多孔封装载体定形结合，形成最终的 CPCMs。该法因为多孔封装载体自身具备的高比表面积使得 PCMs 具有很好的传热性能且保证了 PCMs 的形态稳定性，但是该法会由于多孔封装载体自身的组成成分、形状、尺寸大小等的不同而影响 PCMs 的导热性能。因此对封装载体的选择需要满足下列要求：① 要具有丰富的孔道结构；② 要具有较好的热稳定性和较好的化学稳定性；③ 要价格低廉；④ 要具有尽量高的热导率。目前，主要的多孔封装载体有膨胀石墨、高岭土、硅藻土等矿物材料，碳化硅、氧化铝等多孔陶瓷材料以及氧化钛纳米结构等合成多孔材料。在当前运用该法成功实现对 PCMs 进行封装的方法主要有共混吸附、溶胶-凝胶、熔融浸渗和混合烧结等。共混吸附即通过多孔封装载体的孔道的良好吸附性能将液态化的 PCMs 吸附在其孔道结构内，从而有效抑制其液态泄露；熔融浸透与共混吸附原理类似，也是利用多孔封装载体的孔道结构的毛细吸附力将熔融态的 PCMs 进行吸附固定在其孔道结构内，从而避免其液态泄露现象的发生；混合烧结法是通过在多孔陶瓷材料中按一定的比例混入 PCMs 和黏结剂（一种添加剂）后进行压制，然后再对其进行高温烧结，进而使得 PCMs 与多孔陶瓷材料的网络状孔道结构相牢固结合。丁鹏等人以不同的比例将石蜡与多孔封装载体石墨进行共混，发现在混入石墨后对其相变时间具有显著的影响，使得石蜡的相变提前[91]。张正国等利用多孔封装载体膨胀石墨的孔道结构具有的吸附性能，将石蜡吸附在其孔道中，很好抑制了石蜡液态易泄露的问题[92]。Zhang 等在埃洛石中浸渍入石蜡制备成 CPCMs，在对其反复进行冻融 50 次的过程中发现没有发生液态石蜡的泄露，形态还是保持完好[93]。

三、增强石蜡导热的方法

石蜡等有机 PCMs 存在的低热导率这一缺陷是导致其应用受限的主要因素，因此目前增强其导热性能是研究热点。金属构成翅片结构强化传热以及向 PCMs 中添加碳材料、金属泡沫、金属粉末、多孔材料等高导热物质是有效改善其导热性能的途径。

（一）金属翅片结构强化导热性能

在石蜡等有机 PCMs 中引入金属翅片结构，可以有效扩大 PCMs 的传热面积，从而增强 PCMs 的导热性能。因此，国内外的专家学者对该项技术已经进行了一定的深入研究和实际应用。Padmanabhan 等对 PCMs 圆形环隙空间中的相变储能问题进行了分析研究，他们在外管绝热以及内管等温的前提条件下，分别采用在套管圆形环隙的整个空间中均匀布置矩形翅片和在套管内管的外表面布置圆形翅片的两种方法，进而对参数进行分析得到了在任意的时刻可以计算相变储能材料在凝固过程中的体积分数的公式[94]。Velraj 等对 PCMs 的竖直管内在具有纵向翅片时的导热性能的强弱进行了研究，结果表明竖直管内的翅片结构为 V 型时将能够使得 PCMs 的导热性能达到最好[95]。Talati 将横向的金属翅片置入 PCMs 矩形状的储存内部中，并对其施加垂直于壁面的恒定热流后的凝固过程进行了研究，得出 PCMs 的导热性能会受到置入翅片的间距、长度以及数量的影响[96]。Liu 等在硬脂酸储能材料中嵌入翅片结构从而对其热导率变化进行了研究，发现在嵌入翅片结构后 PCMs 的热导率增加了 67%，且随着 PCMs 融化过程的继续进行翅片结构的强化传热效果会越来越明显，最后可使得其平均热导率达到未嵌入翅片结构时的 3 倍[97]。

（二）添加高导热物质改善导热性能

往 PCMs 中添加金属粉末、金属泡沫、碳材料、多孔材料等高导热物质是目前常用的增强 PCMs 热导率的方法。这其中因为金属材料具有的导热性强、延展性好以及高强度等优势，进而对 PCMs 中添加金属材料以提高 PCMs 的热导率进行了研究。崔勇等进行了在十四酸中分别加入铜网、铜线圈和铜屑时热导率变化情况的实验，对其热导率的变化情况进行了研究分析，发现加入以上物质之后热导率都得到了提高，其中以加入铜屑时的 PCMs 的热导率值最大[98]。Son 等通过将膨化后的泡沫铝渗透进入 $C_5H_{12}O_5$ 中，得到的结果表明当加入的铝的质量分数为 7%时，该 PCMs 的热导率提升了 30 倍；当加入质量分数为 14%的铝时，该 PCMs 的热导率提升了 60 倍[99]。张寅平等通过在 PCMs 中分别加入铝粉和铜粉进而对 PCMs 的导热性能的变化进行了研究，得出在 PCMs 中当加入的铝粉质量分数为 5%～20%时，其热导率对应增加了 20%～56%；当加入的铜粉质量分数为 5%～20%时，其热导率对应增加了 10%～26%[100]。

另外，使用多孔材料将 PCMs 进行封装结合，借助多孔材料的高比表面积从而提高 PCMs的导热性能也是学者们的研究热点。胡小冬等应用物理吸附法将 PCMs 石蜡与多孔材料膨胀石墨相结合，测算得出其热导率相较于纯石蜡的热导率提高了约 35 倍[101]。张正国将石蜡与膨胀石墨共混，制备得到石蜡-膨胀石墨 CPCMs，并对其包含不同质量分数石蜡时的导热性能进行了研究，分析发现当所包含石蜡的质量分数为 80%时能够在最大程度上增强 PCMs 的导热性能[102]。Mills 等也对石蜡与膨胀石墨结合后的导热性能进行了研究，分析发现其热导率相对纯石蜡提高了 20～130 倍，导热性能得到了极大的提高[103]。

除了膨胀石墨等多孔材料的碳类材料外，诸如碳纳米管、碳纤维等碳材料也是具有高热导率的物质。FuKai 等对在 PCMs 中添加碳纤维进而以增强导热性能进行了研究，他们分别采取将碳纤维随意放置于 PCMs 中以及利用碳纤维刷均匀放置两种方法，借助一维的导热模型对热扩散率进行了计算，结果显示两种方法都使得 PCMs 的导热性能都较之未添加碳纤维前有了大幅提升，且在研究过程中对比发现随意布置碳纤维体积分数为 3%与碳纤维刷体积分数是 1%时的导热效果是相同的，其热导率皆提高了 30%[104]。李敏等将 PCMs 甘二烷与碳纤维混合进行研究，发现甘二烷的导热性能会随着其中掺入的碳纤维量的不断增加而有所增强[105]。Choi 在对石蜡油中加入碳纳米管后的热导率进行测试实验时，发现在石蜡油中添加碳纳米管后其导热性能能够在极大程度上得到增强，即添加体积分数仅为 1%的碳纳米管后其热导率就能大幅提高 150%[106]。Cui 等在外界温度为 60 ℃的条件下将 PCMs 和高导热物质碳纳米管进行了搅拌混合，对其导热性能的测试结果显示制备得到的复合材料的热导率得到显著提高[107]。Zhang 等将高导热物质碳纳米管添加至二元 PCMs 硬脂酸-软脂酸中，进而对其导热性能的强弱进行了分析研究，发现其热导率随着碳纳米管添加量的增加而增大，当添加的高导热物质碳纳米管的量分别为 5％、6％时，其热导率分别对应增加了 20.2％和 26.2％[108]。综上，相对碳纤维而言，碳纳米管在热学以及力学等方面具有更优异的性能，从而使其在改善 PCMs 的导热性能和强度上具有显著的效果。

第三节　聚丙烯中空纤维膜基相变储能纤维

PCMs 是一种新型功能材料，可吸收环境中的热能或通过根据环境温度的变化调整其相变来释放存储的热能。在所有 PCMs 中，石蜡是一种很有前景的固-液有机 PCMs，并且由于其低成本、无毒、低化学活性、无腐蚀性和可塑性而得到了广泛的应用，如太阳能存储、建筑保温、工业余热回收、生物医学领域和智能纺织品。然而，石蜡存在的缺点，如液体石蜡泄漏和低导热性，仍然严重限制了它的应用。当前，将石蜡包封在支撑材料中以获得形状稳定的复合 PCMs(CPCMs)是克服液体石蜡泄漏的最有希望的方法之一。具有高封装容量和高潜热的柔性 CPCMs 将更具前景。CPCMs 的形态通常是颗粒、泡沫、纤维和其他形状。在 CPCMs 的所有形状中，柔性 CPCMs 因可以织成所需的形状而具有广泛的潜在应用范围[109]，例如用于智能纺织品、建筑物绝缘编织网和太阳能存储平面。因此，有必要开发一种具有高封装容量和热能存储特性的柔性 CPCMs。PP 由于价格低廉、质量轻、无毒、无腐蚀性、易于加工且强度高，因此是封装 PCMs 以制造柔性 CPCMs 的理想支撑材料。通过熔融纺丝和拉伸(MS-S)制成的 PPHFM 具有许多优点，例如高强度和高孔隙率。PPHFM 具有多孔膜壁和圆柱状空腔，可实现 PCMs 的高封装量，同时 PPHFM 的微孔结构可能有利于 PCMs 的热能存储。此外，由于 PPHFM 显示出质轻、高封装容量和可编织性，因此被认为是有前景的柔性 CPCMs 支撑材料。更重要的是，PPHFM 的主要应用为膜分离技术，几乎没有报道将 PPHFM 作为 PCMs 的封装支撑材料[110]。张等使用未拉伸的 PP 中空纤维制备用于热疗面膜的柔性石蜡/空心纤维复合材料，并获得了 82.1％石蜡封装量，但是所制备的石蜡/空心纤维复合材料的热导率降低了 55％[111]。因此，有必要开发出兼具高封装量和导热性的 CPCMs。

本节将介绍通过物理共混和注入法制备具有可编织性的柔性石蜡/(多壁碳纳米管)MWCNTs/PPHFM CPCMs(PC-PHFM-CPCMs)来存储热能，开拓 PPHFM 在储能领域的应用范围。

一、实验部分

(一) 主要原料

PP(T30s)由兰州石化有限公司提供。熔体流动指数为 2.5～3.5 g/10 min。通过差示扫描量热法获得的树脂的 PP 熔点 T_m 为 168 ℃。MWCNT 购自苏州碳丰石墨烯科技有限公司。MWCNT 的外径和长度分布在 8～15 nm 和 3～12 μm。石蜡购自上海华永石蜡有限公司，熔点为 48～50 ℃。

（二）样品制备

PC-PHFM-CPCMs的制备分为三个步骤：PPHFM的制备，石蜡/PPHFM CPCMs（P-PHFM-CPCMs）的制备以及PC-PHFM-CPCMs的制备。以PP为原料，采用MS-S法制备了4种PPHFM。第一，在190 ℃下熔融纺丝制备具有原始片晶结构的初纺中空纤维，氮气作为成腔流体以0.06 L/min的速率引入喷丝头形成柱状空腔。纺制的中空纤维在空气中完全冷却并缠绕到卷绕机上，熔体拉伸比为57。第二，将初纺中空纤维在140 ℃退火1 h以完善片晶结构。第三，将退火的中空纤维在室温下拉伸20%以产生微孔，然后分别在140 ℃下分别热拉伸30%、80%、130%和180%。第四，将PPHFM在140 ℃下处理1 h以防止收缩。P-PHFM-CPCMs是根据浸渍方法分两步制备(图5-1)。首先，将不同拉伸比的PPHFMs用硅胶封端，并放置在熔化的石蜡熔体中浸渍2 h，使石蜡吸附到PPHFMs的膜壁孔中。其次，用滤纸在70 ℃烘箱中除去残留在PPHFMs表面的液体石蜡。P-PHFM-CPCMs的石蜡吸收容量(P_1)通过式(5-1)计算：

$$P_1=\frac{m_2-m_1}{m_2}\times 100\% \tag{5-1}$$

式中　m_1——PPHFM的初始质量，g；

m_2——P-PHFM-CPCM的质量，g。

PC-PHFM-CPCMs是根据物理共混和注射方法分三个步骤制造的(图5-1)。首先，将MWCNTs添加到石蜡中，在70 ℃下搅拌2 h并超声处理15 min。其次，将上述混合物在70 ℃下注入P-PHFM-CPCMs的柱状空腔。最后，将注入的样品用环氧树脂封端，以防止在应用中存在潜在泄漏。表5-3中提供了石蜡封装量的详细数据。PC-PHFMCPCMs的石蜡吸收容量(P_2)通过式(5-2)计算：

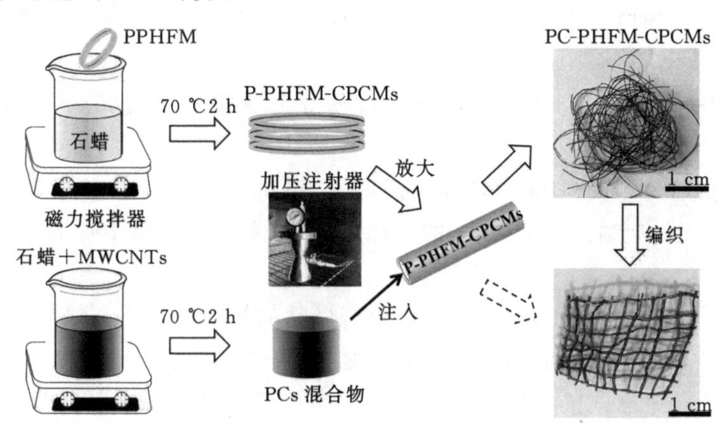

图5-1　P-PHFM-CPCMs和PC-PHFM-CPCMs的制备过程

$$P_2=\frac{(m_3-m_2)\times X+(m_2-m_1)}{m_3}\times 100\% \tag{5-2}$$

式中　X——石蜡在石蜡/MWCNTs混合物中的质量分数，%；

m_3——PC-PHFM-CPCMs的质量，g。

表 5-3 样品的组成

样品	PPHFM/%	石蜡/%	MWCNTs/%
P-PHFM-CPCM50	68.45±1.14	31.55±1.14	
P-PHFM-CPCM100	61.15±1.75	38.85±1.75	
P-PHFM-CPCM150	51.79±1.35	48.21±1.35	
P-PHFM-CPCM200	47.58±0.94	52.42 ±0.94	
PC0 混合物		100	0
PC2 混合物		98.00	2.00
PC3 混合物		97.00	3.00
PC4 混合物		96.00	4.00
PC0-PHFM-CPCM200	19.03±0.45	80.97±0.45	0
PC2-PHFM-CPCM200	19.81±0.69	79.72±0.68	0.47±0.01
PC3-PHFM-CPCM200	19.76±0.87	79.53±0.85	0.71±0.02
PC4-PHFM-CPCM200	20.01±0.84	79.06±0.80	0.93±0.04

(三) 性能测试与结构表征

PPHFMs 的拉伸试验在微机控制的电子万能拉伸机(CMT6104 型,购于中国 MTS 系统有限公司)上进行,拉伸速度为 50 mm/min,温度为 25 ℃。

采用压汞法(AutoPore IV 9510,Micromeritics,美国)测量 PPHFMs 的平均孔径和孔隙率。

采用场发射扫描电子显微镜(FESEM,Quanta FEG250,FEI,美国)观察样品的微观结构。

石蜡与 PPHFM 之间的化学兼容性通过傅立叶变换红外光谱(FT-IR,NEXUS 570,Nicolet,美国)。

采用差示扫描量热仪(DSC,Q10,TA,美国)测试样品的潜热和相变温度。所有样品(5~8 mg)在氮气气氛中以 5 ℃/min 的加热/冷却速率在 0 ℃和 100 ℃的温度范围内加热和冷却。

通过热重分析(TGA,Q50,TA,USA)分析样品的热稳定性。在氮气气氛中,所有样品(5~8 mg)以 10 ℃/min 的加热速率从 20 ℃加热到 600 ℃。

使用激光热导率测试仪测量样品的热扩散率(LFA-427,NETZSCH,德国)。热导率 λ 采用式(5-3)计算:

$$\lambda = \alpha c_p \rho \tag{5-3}$$

式中 α——样品的热扩散速率,m^2/s;

c_p——样品的比热容,J/(kg·K);

ρ——样品的密度,kg/m^3。

二、聚丙烯中空纤维膜结构与性能

具有不同拉伸比例的 PPHFM 结构与性能参数如表 5-4 所示。当拉伸比例从 50%增加到 200%时，PPHFMs 的拉伸强度从 78.1 MPa 增加到 119.9 MPa，孔隙率从 34.0%增加到65.2%，同时平均孔径从 233.6 nm 增加到 533.8 nm，这可以根据片晶旋转和原纤维形成理论来解释[112-113]。拉伸过程包括三个步骤：片晶的旋转，片晶的分离和无定形区域中分子链的取向，以及由原纤维桥接的微孔的形成。如果进一步拉伸纤维，那么由于片晶中分子链被拉出会形成大微孔和更长的原纤维。PPHFM 的 FESEM 图像如图 5-2 所示，PPHFM50 是空心圆柱体，外径和内径分别约为 350 μm 和 240 μm。此外，PPHFM 的内表面形态随拉伸比例而变化，如图 5-2(b)至图 5-2(e)所示，可以清楚地观察到微孔和原纤维。随着拉伸比例增加，微孔扩大，原纤维明显被拉长。由此可以得出结论，PPHFM 具有多孔的膜壁和圆柱状的空腔，这将对石蜡具有较高的存储容量。

表 5-4　PPHFMs 的结构参数与性能

样品	PPHFM50	PPHFM100	PPHFM150	PPHFM200
拉伸率/%	50	100	150	200
平均孔径/nm	233.6	325.6	435.6	533.8
孔隙率/%	34.0	45.5	58.5	65.2
拉伸强度/MPa	78.1±1.19	85.1±1.15	110.2±1.36	119.9±2.11

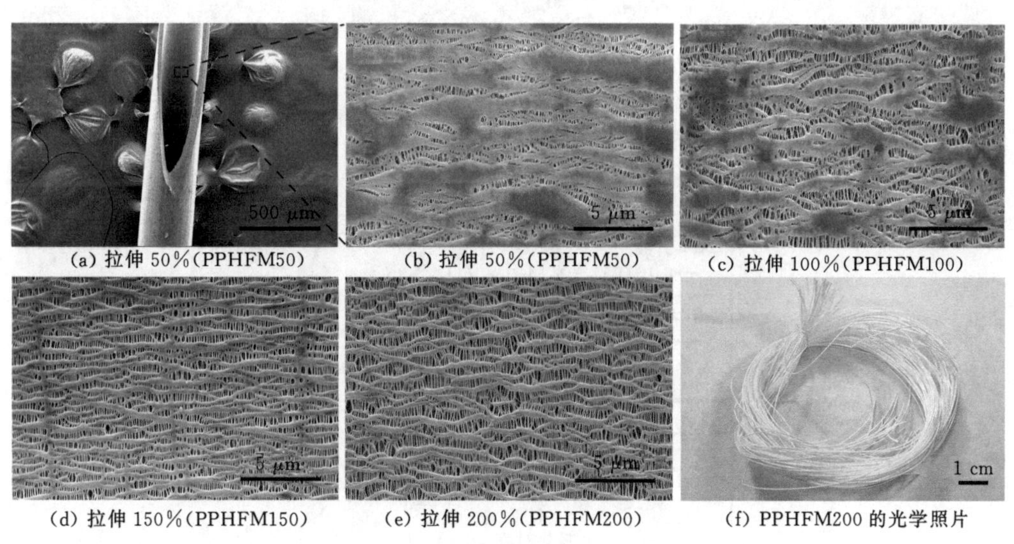

(a) 拉伸 50%(PPHFM50)　(b) 拉伸 50%(PPHFM50)　(c) 拉伸 100%(PPHFM100)
(d) 拉伸 150%(PPHFM150)　(e) 拉伸 200%(PPHFM200)　(f) PPHFM200 的光学照片

图 5-2　PPHFM 内表面的 FESEM 图

三、石蜡/PPHFM 复合相变材料的结构与性能

(一) 石蜡/PPHFM 复合相变材料的结构形貌

为了选择具有最佳拉伸比的 PPHFM 作为支撑基质，采用浸渍法制备四种类型的 P-PHFM-CPCMs(表 5-3)。拉伸 50%、100%、150%和 200%时的 PPHFMs 封装石蜡的质量比分别达到 31.55%、38.85%、48.21%和 52.42%。显然，P-PHFM-CPCMs 中吸附的石蜡质量分数随着 PPHFM 的拉伸比增加而增加。P-PHFM-CPCMs 的微观结构和形态

如图 5-3所示，具有不同拉伸比的 PPHFM 在浸渍过后，微孔几乎完全被石蜡填充[图 5-3(a)至图 5-3(d)]。由于石蜡和 PPHFM 均显示出疏水性，因此石蜡和 PPHFM 之间的界面黏结牢固。浸渍后，P-PHFM-CPCM200 的横截面仍然具有圆柱状的腔体[图 5-3(e)]，这表明石蜡仅吸附在 PPHFMs 的膜壁中。P-PHFM-CPCM200 的图像如图 5-3(f)所示，白色 PPHFM200 在封装石蜡后变为透明的，这表明石蜡已被 PPHFM200 的膜孔有效封装。

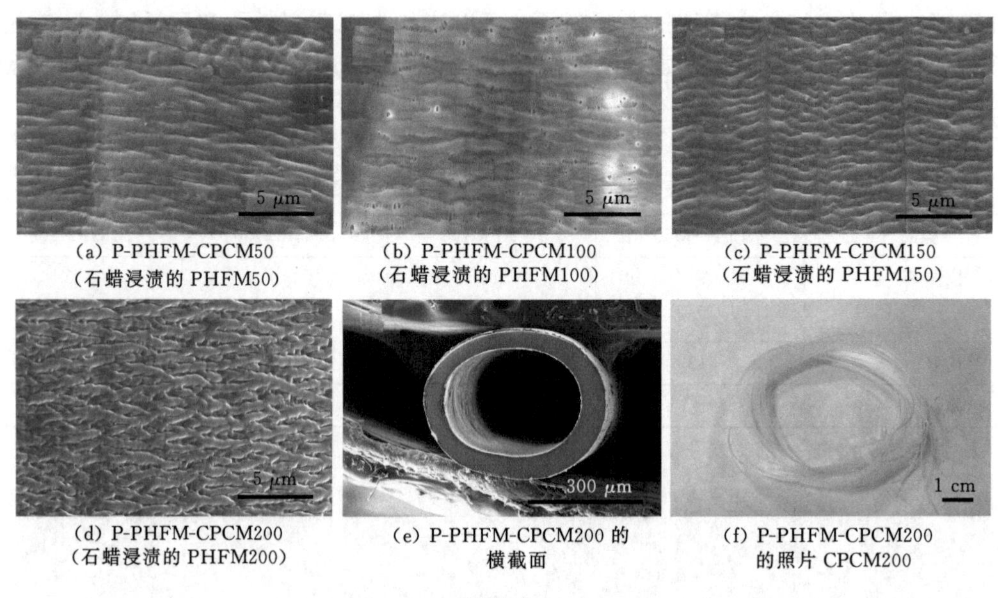

(a) P-PHFM-CPCM50（石蜡浸渍的 PHFM50）
(b) P-PHFM-CPCM100（石蜡浸渍的 PHFM100）
(c) P-PHFM-CPCM150（石蜡浸渍的 PHFM150）
(d) P-PHFM-CPCM200（石蜡浸渍的 PHFM200）
(e) P-PHFM-CPCM200 的横截面
(f) P-PHFM-CPCM200 的照片 CPCM200

图 5-3

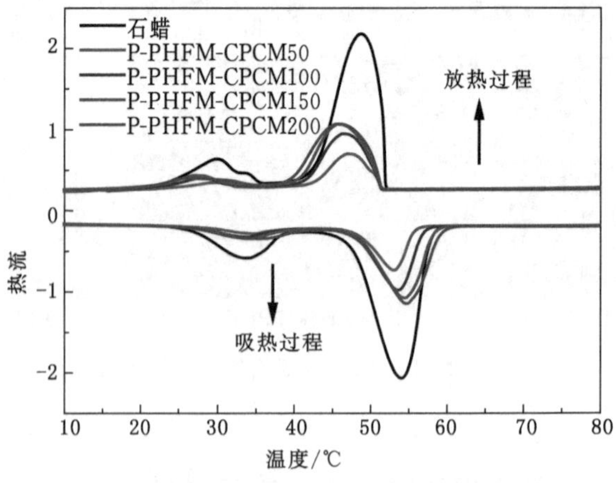

图 5-4　石蜡和 P-PHFM-CPCMs 的吸热和放热曲线

（二）石蜡/PPHFM 复合相变材料的相变行为分析

为了选择具有最佳拉伸比的 PPHFM 作为支撑材料，研究了 PPHFM 拉伸比例对 P-PHFM-CPCM潜热的影响。图 5-4 显示了石蜡和 P-PHFMCPCM 的吸热和放热曲线，并且潜热和峰值温度（相变温度）已列入表 5-5 中。PPHFM 对石蜡吸收容量可用于评估

P-PHFM-CPCM的潜热。P-PHFM-CPCMs的理论潜热可以通过式(5-4)估算，其结果如表5-3所示[114]。

$$H_c = \eta \Delta H_{石蜡} \tag{5-4}$$

式中　H_c——理论潜热，J/g；

η——石蜡封装量，%；

$\Delta H_{石蜡}$——石蜡潜热，J/g。

表5-5　石蜡和P-PHFM-CPCMs的熔融-凝固性能

样品	融化过程			凝固过程		
	T_M/℃	H_M/(J/g)	H_{C1}/(J/g)	T_S/℃	H_S/(J/g)	H_{C2}/(J/g)
石蜡	54.10±0.29	140.00±2.13	140.00	48.72±0.28	145.01±2.60	145.01
P-PHFM-CPCM50	53.08±0.39	42.03±1.56	44.17	47.33±0.48	42.62±1.87	45.75
P-PHFM-CPCM100	53.63±0.27	50.01±1.45	54.39	46.69±0.20	51.24±1.74	56.33
P-PHFM-CPCM150	54.42±0.25	62.83±2.61	67.49	45.89±0.34	66.85±2.18	69.90
P-PHFM-CPCM200	54.73±0.19	73.90±2.62	77.59	46.05±0.30	76.71±2.30	80.36

注：T_M和H_M分别为熔融峰温度和测量的吸热焓；T_S和H_S分别为凝固峰温度和测量的放热焓；H_{C1}和H_{C2}分别为计算的熔融和凝固过程中的理论潜热。

但是，P-PHFM-CPCMs的峰值温度会受到PPHFM轻微影响。这些变化可以解释为：在结晶过程中，PPHFM的撕裂状微孔限制了石蜡分子的移动以及晶体的生长，也就是在熔融过程中从有序结晶态到无序熔融态的转变受到限制，因此不完全晶体的比例在固化过程中增加。此外，P-PHFM-CPCMs的潜热随PPHFMs拉伸比例的增加而增加，这表明石蜡吸附质量分数随拉伸比例的增加而增加(见表5-3)。此外，P-PHFM-CPCMs的实测潜热略低于其计算值(见表5-3)，这是因为石蜡大分子在CPCMs中的熔融和结晶行为受到限制，以降低其吸热焓和放热焓，尤其是在狭窄的多孔支撑材料中[115]。

四、石蜡/MWCNTs/PPHFM复合相变储能材料的结构与性能

如上所述，PPHFM200显示出高的拉伸强度和孔隙率，同时相应的P-PHFM-CPCM200具有相当大的潜热和最大的石蜡封装量。因此，PPHFM200是最佳候选支撑材料，而对应的P-PHFM-CPCM200也是制备PC-PHFM-CPCMs的最佳候选材料。通过高压注入石蜡/MWCNTs(PC)混合物制备了四种类型的PC-PHFM-CPCMs(见表5-3)。四种PC-PHFM-CPCMs中石蜡封装量分别达到80.97%、79.72%、79.53%和79.06%，MWCNT的相应质量分数分别为0、0.47%、0.71%和0.93%。

(一)石蜡/MWCNTs/PPHFM复合相变材料的相变行为分析

具有不同MWCNTs质量分数的石蜡和PC-PHFM-CPCMs的吸热和放热曲线如图5-5所示。表5-6中提供了所有样品吸热和放热过程的详细参数。PC-PHFM-CPCMs的吸热和放热峰值温度受到PPHFM的轻微影响，但PC-PHFM-CPCMs的放热曲线仍显示出两个熔融和凝固相变峰。PC-PHFM-CPCMs潜热明显低于石蜡的。对于具有大比表面积的多孔支撑材料，毛细作用力和表面张力会降低其峰值温度[116]。PC2-PHFM-CPCM200、

PC3-PHFM-CPCM200 和PC4-PHFM-CPCM200的吸热和放热曲线发生重叠，但略有偏差，表明它们具有相似的相变特性。但添加 MWCNTs 后 PC-PHFM-CPCMs 的峰轻微移至高温区。此外，含有 0、0.47%、0.71%和 0.93%的 PC-PHFM-CPCMs 的固化过程中潜热分别达 106.1 J/g、111.2 J/g、110.9 J/g和 109.2 J/g。添加少量 MWCNTs 导致 PC-PHFM-CPCMs 的峰值温度和潜热略有增加，这种变化主要归因于具有高热导率的 MWCNTs 的均匀分散以及 MWCNTs 和石蜡的良好结合[117]。以上结果与以前的研究一致[118-119]。

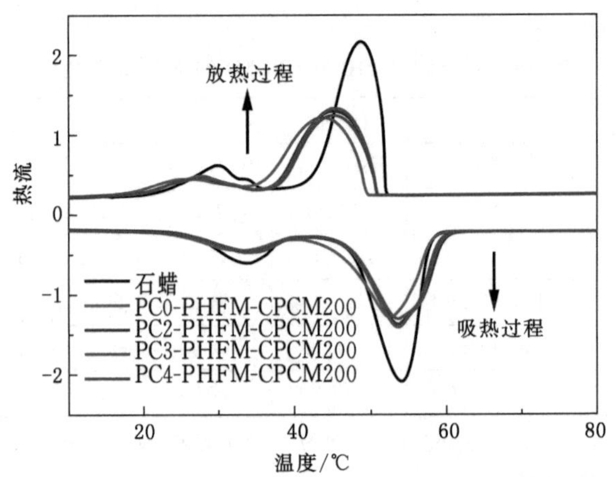

图 5-5　具有不同 MWCNTs 质量分数的石蜡和 PCPHFM-CPCM 的吸热和放热曲线

表 5-6　石蜡和 PC-PHFM-CPCMs 的熔融-凝固性能

样品	熔融过程			凝固过程		
	T_M/℃	H_M/(J/g)	H_{C1}/(J/g)	T_S/℃	H_S/(J/g)	H_{C2}/(J/g)
石蜡	54.10±0.29	140.00±2.13	140.00	48.72±0.28	145.01±2.60	145.01
PC0-PHFM-CPCM200	52.60±0.25	104.14±2.07	113.34	43.99±0.40	106.10±2.16	117.41
PC2-PHFM-CPCM200	53.63±0.38	107.40±3.74	111.61	45.34±0.22	111.20±2.18	115.59
PC3-PHFM-CPCM200	53.64±0.36	107.60±3.63	111.34	45.50±0.25	110.90±2.34	115.32
PC4-PHFM-CPCM200	53.64±0.12	103.26±2.82	110.68	45.29±0.26	109.20±2.65	114.64

（二）石蜡/MWCNTs/PPHFM 复合相变材料的形态分析

图 5-6 为 PC-PHFM-CPCMs 的微观结构和形貌。在 PC0-PHFM-CPCM200 的横截面中，P-PHFM-CPCM200 的柱状腔被石蜡完全填充，如图 5-6(a)所示。同时在 PC0-PHFM-CPCM200 的高倍率横截面中未观察到 MWCNTs。但可以观察到石蜡包裹的 MWCNTs 分散在 PC2-PHFM-CPCM200、PC3-PHFM-CPCM200 和 PC2-PHFM-CPCM200 柱状腔的石蜡中。理论上，添加 MWCNTs 可以增强 PC-PHFM-CPCM 的导热性。图 5-6(f)显示将 PC4 混合物注入 P-PHFM-CPCM200 后样品整体呈黑色。此外，PC4-PHFM-CPCM200 在室温下保持良好的形状，这表明 PPHFM200 可以有效地将石蜡封装到膜孔和柱状腔中。

（三）石蜡/MWCNTs/PPHFM 复合相变材料的兼容性分析

图 5-7 为 MWCNTs、石蜡、PPHFM200 和 PC-PHFM-CPCM 的 FT-IR 光谱。在

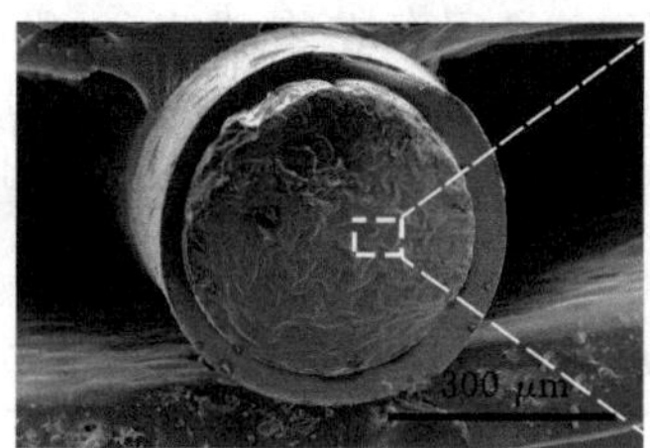

(a) PC0-PHFM-CPCM200
(P-PHFM-CPCM200 注入 PC0 混合物)

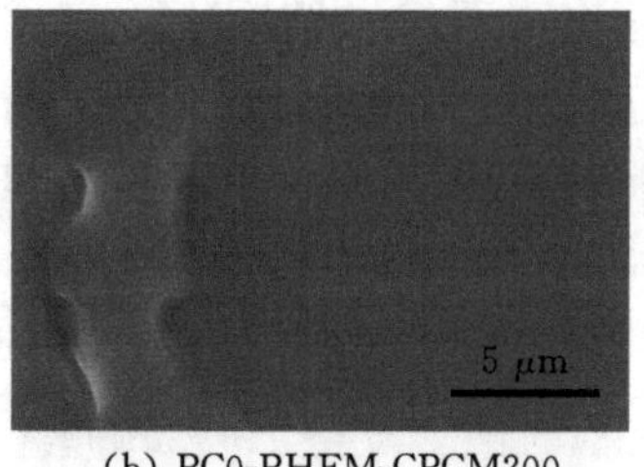

(b) PC0-PHFM-CPCM200
(P-PHFM-CPCM200 注入 PC0 混合物)

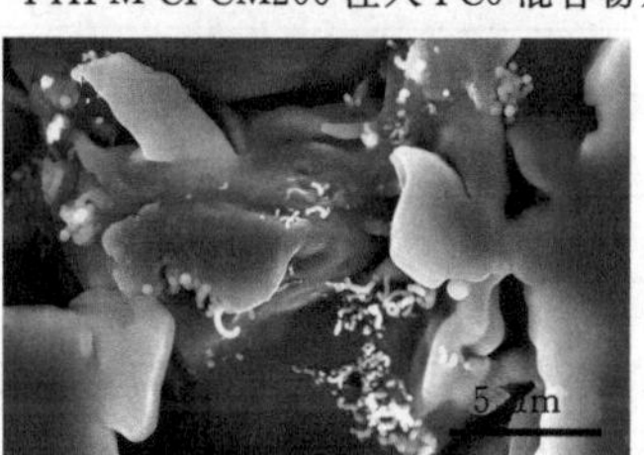

(c) PC2-PHFM-CPCM200
(P-PHFM-CPCM200 注入 PC2 混合物)

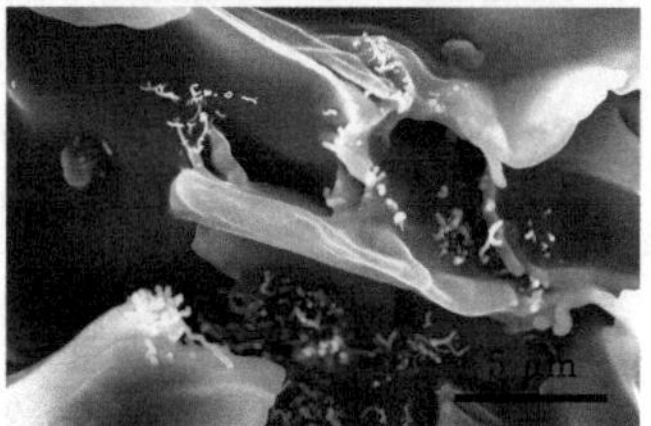

(d) PC3-PHFM-CPCM200
(P-PHFM-CPCM200 注入 PC3 混合物)

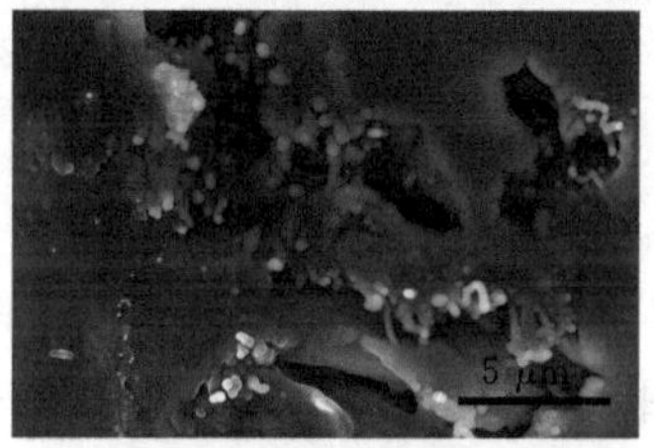

(e) PC4-PHFM-CPCM200
(P-PHFM-CPCM200 注入 PC4 混合物)

(f) PC4-PHFM- CPCM200 的照片

图 5-6 PC-PHFM-CPCMs 的 FESEM 图像

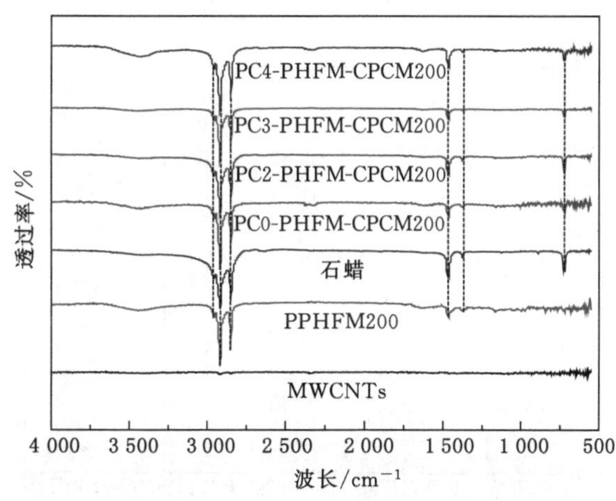

图 5-7 石蜡、MWCNTs、PPHFM200 和 PC-PHFM-CPCMs 的 FT-IR 光谱

MWCNTs 的光谱中没有观察到明显吸收峰。表 5-7 中提供了 PC-PHFM-CPCMs 的光谱分析[120]。在 PC-PHFM-CPCMs 的光谱中,观察到石蜡和 PP 的吸收峰;另外,光谱中没有

出现新的峰，这表明石蜡、MWCNTs 和 PPHFM200 之间存在物理结合，没有发生化学反应。通常，化学反应会降低石蜡的潜热，因此物理结合更有利于保持石蜡的高潜热。综上，FT-IR 结果表明，石蜡、MWCNTs 和 PPHFM200 之间具有良好的化学兼容性。

表 5-7 PC-PHFMCPCM 的 FT-IR 光谱组成(括号中的数据是纯组分的相应峰)

	特征振动	特征峰/cm^{-1}
石蜡	—CH_3拉伸	2 957,2 917 (2 956, 2 917)
	—CH_2—拉伸	2 849 (2 849)
	—CH_2和—CH_3变形	1 463 (1 463)
	—CH_2面内摇摆	719 (719)
PP	—CH_3不对称拉伸	2 957 (2 957)
	—CH_3对称拉伸	2 849 (2 850)
	—CH_2不对称拉伸	2 917 (2 918)
	—CH_3对称和不对称剪切	1 472,1 378(1 467,1 379)
	PP 螺旋结构	1 168,997,(1 166,997)

(四) 石蜡/MWCNTs/PPHFM 复合相变材料的导热性能分析

在 26 ℃下具有不同 MWCNTs 质量分数的石蜡和 PC-PHFMCPCM 的热导率如图 5-8 所示。石蜡的热导率为 0.23 W/(m·K)。PPHFM 较低的热导率降低了 PC0-PHFM-CPCM200 的热导率[0.21 W/(m·K)]。通过添加 MWCNTs 填料可以有效提高 PC-PHFM-CPCMs 的热导率。MWCNTs 质量分数分别为0.47%、0.71%和 0.93%时的 PC-PHFM-CPCMs 的热导率分别为 0.37 W/(m·K)、0.41 W/(m·K)和 0.46 W/(m·K)，与纯石蜡的相比分别增加了 60.87%、78.26%和 100.00%。这主要归因于 MWCNTs 诱导石蜡分子的择优排列和 MWCNTs 的高热导率[121]。

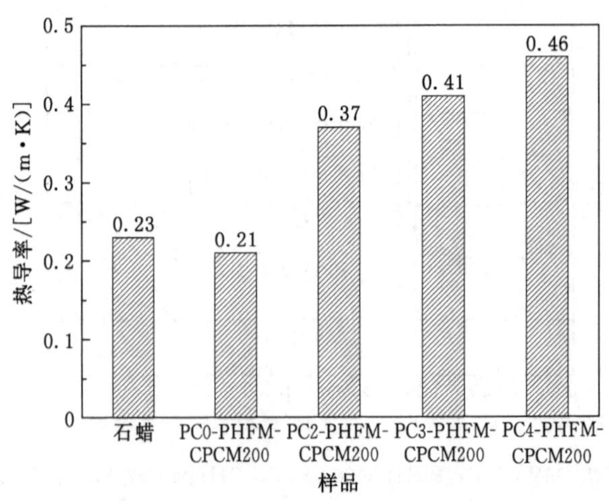

图 5-8 在 26 ℃下具有不同 MWCNTs 质量分数的石蜡和 PC-PHFMCPCM 的热导率

（五）石蜡/MWCNTs/PPHFM 复合相变材料的热稳定性

用 TGA 和 DTG 研究石蜡、PPHFM200 和 PC-PHFM-CPCMs 的热稳定性（见图 5-9）。表 5-8 总结了样品的热降解数据。石蜡的热分解过程仅包括一个步骤。石蜡分解过程始于 238.45 ℃，最大失重率出现在 310.42 ℃，最终在 359.27 ℃的失重百分率为 99.26%。但是，PPHFM200 和 PC-PHFM-CPCMs 的热分解过程包括两个步骤。对于 PPHFM200，其第一步的降解开始于 411.56 ℃，结束于 435.84 ℃；其第二步的降解开始于 436.41 ℃，结束于 528.29 ℃；该结果与以前的研究一致[122]。对于 PC-PHFM-CPCMs，其第一步降解步骤开始温度范围为 243.37～247.82 ℃，结束温度范围为 395.57～412.02 ℃，最大失重率出现在 320 ℃，这对应 PC-PHFM-CPCMs 中石蜡降解；其第二降解步骤开始于 426.51～457.93 ℃，并在 523.18～529.42 ℃温度范围内结束，最大失重率出现在 495 ℃；其第二个降解步骤归因于 PC-PHFM-CPCM 中 PPHPH200 的去除。由此可以看出，PC-PHFM-CPCMs 在其相变温度范围内显示出良好的热稳定性，而不会分解。由于残留的 MWCNTs，PC-PHFM-CPCMs 的质量损失与 MWCNTs 的质量损失变化相反。如表 5-8 所示，PC-PHFM-CPCMs 中石蜡的质量损失与石蜡的包封量一致。热重分析结果表明，将石蜡封装在 PPHFM200 中可使其热稳定性略有提高。

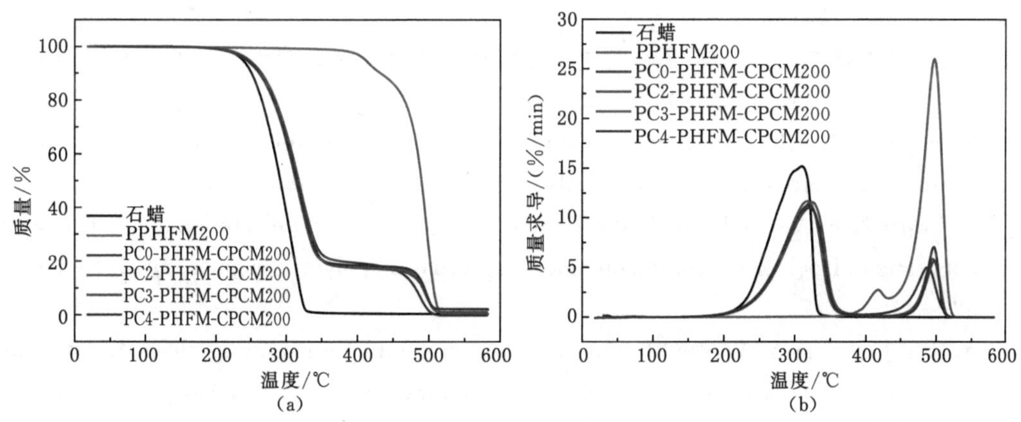

图 5-9　石蜡、PHFM200 和具有不同 MWCNTs 含量 PC-PHFM-CPCMs 的 TGA 和 DTG 曲线

表 5-8　TGA 和 DTG 的降解参数

样品	第一个台阶				第二个台阶			
	起始温度/℃	峰值/℃	结束/℃	失重/%	起始温度/℃	峰值/℃	结束/℃	失重/%
石蜡	238.45	310.42	359.27	99.26				
PPHFM-200	411.56	417.69	435.84	10.58	436.41	496.99	528.29	99.76
PC0-PHFM-CPCM200	245.80	320.72	395.57	80.49	426.51	488.15	523.18	99.10
PC2-PHFM-CPCM200	243.37	318.01	397.27	81.56	453.09	494.97	529.42	98.86
PC3-PHFM-CPCM200	247.82	323.94	412.02	82.68	457.93	496.89	527.15	97.75
PC4-PHFM-CPCM200	244.62	319.29	405.82	81.17	454.67	496.59	523.79	97.40

综上，本节通过拉伸制备了四种拉伸比例不同的 PPHFMs，制备了四种类型的 P PHFM-CPCMs。由于 P-PHFM-CPCM200(PPHFM200 作为支撑材料)具有相当大的潜热(76.71 J/g)，最大石蜡吸附量为 52.42%，选择 P-PHFM-CPCM200 来制备柔性 PC-PHFM-CPCMs。成功制备了一系列 MWCNTs 含量为 0、0.47%、0.71%和 0.93%的新型柔性 PC-PHFM-CPCMs。具有良好形状稳定性的 PC-PHFMCPCMs 中的最大封装容量为 80.97%。而且，所有 PC-PHFM-CPCMs 都可以提供可用的潜热(在熔化过程中大于 103.26 J/g，在固化过程中大于 106.1 J/g)。MWCNTs 的添加可以有效地改善 PCPHFM-CPCMs 的热导率。加入 0.93%的 MWCNTs 后，PC4-PHFM-CPCM200 的热导率提高了 100%，达到 0.46 W/(m·K)。此外，PC-PHFMCPCM 还具有出色的化学相容性和热稳定性。更重要的是，为了方便应用，可以将柔性 PC-PHFM-CPCMs 编织成所需的形状。

参考文献

[1] 刘茉娥.膜分离技术[M].北京：化学工业出版社，2000.

[2] 倪阳，汪茫，陈红征.聚丙烯中空纤维膜在海水中的老化现象[J].材料科学与工程学报，2011，29(3)：351-354.

[3] 王生春，温建志，王海，等.聚丙烯中空纤维微孔滤膜在油田含油污水处理中的应用[J].膜科学与技术，1998，18(2)：28-32.

[4] CHUNG T C，LEE S H.New hydrophilic polypropylene membranes：fabrication and evaluation[J].Journal of applied polymer science，1997，64(3)：567-575.

[5] HIMMA N F，ANISAH S，PRASETYAN，et al.Advances in preparation，modification，and application of polypropylene membrane[J].Journal of polymer engineering，2016，36(4)：329-362.

[6] XIE Y J，YU H Y，WANG S Y，et al.Improvement of antifouling characteristics in a bioreactor of polypropylene microporous membrane by the adsorption of Tween 20[J].Journal of environmental sciences，2007，19(12)：1461-1465.

[7] YU H Y，XU Z K，XIE Y J，et al.Flux enhancement for polypropylene microporous membrane in a SMBR by the immobilization of poly(N-vinyl-2-pyrrolidone) on the membrane surface[J].Journal of membrane science，2006，279(1/2)：148-155.

[8] YU H Y，TANG Z Q，HUANG L，et al.Surface modification of polypropylene macroporous membrane to improve its antifouling characteristics in a submerged membrane-bioreactor：H_2O plasma treatment[J].Water research，2008，42(16)：4341-4347.

[9] YU H Y，LIU L Q，TANG Z Q，et al.Surface modification of polypropylene microporous membrane to improve its antifouling characteristics in an SMBR：air plasma treatment[J].Journal of membrane science，2008，311(1/2)：216-224.

[10] YU H Y，XU Z K，YANG Q，et al.Improvement of the antifouling characteristics for polypropylene microporous membranes by the sequential photoinduced graft polymerization of acrylic acid[J].Journal of membrane science，2006，281(1/2)：

658-665.

[11] GU J S, YU H Y, HUANG L, et al. Chain-length dependence of the antifouling characteristics of the glycopolymer-modified polypropylene membrane in an SMBR [J]. Journal of membrane science, 2009, 326(1): 145-152.

[12] LI X Y, HU D, HUANG K, et al. Hierarchical rough surfaces formed by LBL self-assembly for oil-water separation [J]. Journal of materials chemistry A, 2014, 2: 11830-11838.

[13] FENG L, ZHANG Z Y, MAI Z H, et al. A super-hydrophobic and super-oleophilic coating mesh film for the separation of oil and water [J]. Angewandte chemie, 2004, 43(15): 2012-2014.

[14] ZHU Y Z, WANG D, JIANG L, et al. Recent progress in developing advanced membranes for emulsified oil/water separation [J]. NPG Asia materials, 2014: e101.

[15] SU C H, XU Y Q, ZHANG W, et al. Porous ceramic membrane with superhydrophobic and superoleophilic surface for reclaiming oil from oily water [J]. Applied surface science, 2012, 258(7): 2319-2323.

[16] ZHU X T, ZHANG Z Z, GE B, et al. A versatile approach to produce superhydrophobic materials used for oil-water separation [J]. Journal of colloid and interface science, 2014, 432: 105-108.

[17] YANG Q, XU Z K, DAI Z W, et al. Surface modification of polypropylene microporous membranes with a novel glycopolymer [J]. Chemistry of materials, 2005, 17: 3050-3058.

[18] WANG Y J, CHEN C H, YEH M L, et al. A one-side hydrophilic polypropylene membrane prepared by plasma treatment [J]. Journal of membrane science, 1990, 53(3): 275-286.

[19] FANG Y E, SHI T Y. Polypropylene dialysis membrane prepared by cobalt-60 gamma-radiation-induced graft copolymerization [J]. Journal of membrane science, 1988, 39(1): 1-9.

[20] ZHANG Y, WANG W J, FENG Q L, et al. A novel method to immobilize collagen on polypropylene film as substrate for hepatocyte culture [J]. Materials science and engineering: C, 2006, 26(4): 657-663.

[21] GÉRARD E, BESSY E, SALVAGNINI C, et al. Surface modifications of polypropylene membranes used for blood filtration [J]. Polymer, 2011, 52(5): 1223-1233.

[22] KOLOBOW T, BORELLI M, SPATOLA R. Artificial lung (oxygenators) [J]. Artificial organs, 1986, 10(5): 370-377.

[23] YAN M G, LIU L Q, TANG Z Q, et al. Plasma surface modification of polypropylene microfiltration membranes and fouling by BSA dispersion [J]. Chemical engineering journal, 2008, 145(2): 218-224.

[24] GU H B, WU J N, CHAN P, et al. Hydrophilicity modification of polypropylene microfiltration membrane by ozonation [J]. Chemical engineering research and design, 2012, 90(2): 229-237.

[25] HE X C, YU H Y, TANG Z Q, et al. Reducing protein fouling of a polypropylene microporous membrane by CO_2 plasma surface modification[J]. Desalination, 2009, 244(1/2/3):80-89.

[26] YANG Y F, WAN L S, XU Z K. Surface hydrophilization for polypropylene microporous membranes: a facile interfacial crosslinking approach[J]. Journal of membrane science, 2009, 326(2):372-381.

[27] ZANINI S, MÜLLER M, RICCARDI C, et al. Polyethylene glycol grafting on polypropylene membranes for anti-fouling properties[J]. Plasma chemistry and plasma processing, 2007, 27(4):446-457.

[28] ABEDNEJAD A S, AMOABEDINY G, GHAEE A. Surface modification of polypropylene membrane by polyethylene glycol graft polymerization[J]. Materials science and engineering: C, 2014, 42:443-450.

[29] ZHAO J, SHI Q, LUAN S F, et al. Polypropylene non-woven fabric membrane via surface modification with biomimetic phosphorylcholine in Ce(IV)/HNO_3 redox system[J]. Materials science and engineering: C, 2012, 32:1785-1789.

[30] HU M X, YANG Q, XU Z K. Enhancing the hydrophilicity of polypropylene microporous membranes by the grafting of 2-hydroxyethyl methacrylate via a synergistic effect of photoinitiators[J]. Journal of membrane science, 2006, 285(1/2):196-205.

[31] KHAYET M, MATSUURA T. Introduction to membrane distillation[M]//Membrane distillation. Amsterdam: Elsevier, 2011:1-16.

[32] TANG N, JIA Q, ZHANG H J, et al. Preparation and morphological characterization of narrow pore size distributed polypropylene hydrophobic membranes for vacuum membrane distillation via thermally induced phase separation[J]. Desalination, 2010, 256(1/2/3):27-36.

[33] FRANKEN A C M, NOLTEN J A M, MULDER M H V, et al. Wetting criteria for the applicability of membrane distillation[J]. Journal of membrane science, 1987, 33(3):315-328.

[34] GRYTA M. Influence of polypropylene membrane surface porosity on the performance of membrane distillation process[J]. Journal of membrane science, 2007, 287(1):67-78.

[35] WARSINGER D M, SWAMINATHAN J, GUILLEN-BURRIEZA E, et al. Scaling and fouling in membrane distillation for desalination applications: a review[J]. Desalination, 2015, 356:294-313.

[36] CURCIO E, DRIOLI E. Membrane distillation and related operations: a review[J]. Separation and purification reviews, 2005, 34(1):35-86.

[37] DUMÉE L F, GRAY S, DUKE M, et al. The role of membrane surface energy on direct contact membrane distillation performance[J]. Desalination, 2013, 323:22-30.

[38] KHAYET M, MATSUURA T. Introduction to membrane distillation[M]// Membrane distillation. Amsterdam: Elsevier, 2011:1-16.

[39] KHAYET M, MATSUURA T. Introduction to membrane distillation[M]//

Membrane distillation.Amsterdam:Elsevier,2011:17.

[40] SUSANTO H,WENTEN I G.Fresh water production in coastal and remote areas by solar powered liquid-liquid membrane contactor [J]. Journal of coast development,2003,6(3):135-144.

[41] GRYTA M.Wettability of polypropylene capillary membranes during the membrane distillation process[J].Chemical papers,2012,66:92-98.

[42] GRYTA M,GRZECHULSKA-DAMSZEL J,MARKOWSKA A,et al.The influence of polypropylene degradation on the membrane wettability during membrane distillation[J].Journal of membrane science,2009,326(2):493-502.

[43] LI X, WANG C, YANG Y, et al. Dual-biomimetic superhydrophobic electrospun polystyrene nanofibrous membranes for membrane distillation [J]. ACS applied materials & interfaces,2014,6(4):2423-2430.

[44] TIJING L D, WOO Y C, CHOI J S, et al. Fouling and its control in membrane distillation: a review[J].Journal of membrane science,2015,475:215-244.

[45] MENG S W, YE Y, MANSOURI J, et al. Crystallization behavior of salts during membrane distillation with hydrophobic and superhydrophobic capillary membranes [J].Journal of membrane science,2015,473:165-176.

[46] DRIOLI E, CURCIO E, DI PROFIO G. State of the art and recent progresses in membrane contactors[J].Chemical engineering research and design,2005,83(3): 223-233.

[47] DEMONTIGNY D, TONTIWACHWUTHIKUL P, CHAKMA A. Using polypropylene and polytetrafluoroethylene membranes in a membrane contactor for CO_2 absorption[J]. Journal of membrane science,2006,277(1/2):99-107.

[48] FRANCO J A,DEMONTIGNY D,KENTISH S E,et al.Effect of amine degradation products on the membrane gas absorption process[J].Chemical engineering science, 2009,64:4016-4023.

[49] SIMONS K, NIJMEIJER K, WESSLING M. Gas-liquid membrane contactors for CO_2 removal[J].Journal of membrane science,2009,340(1/2):214-220.

[50] MALEK A, LI K, TEO W K. Modeling of microporous hollow fiber membrane modules operated under partially wetted conditions [J]. Industrial & engineering chemistry research,1997,36(3):784-793.

[51] KLAASSEN R,FERON P H M,JANSEN A E.Membrane contactors in industrial applications[J].Chemical engineering research and design,2005,83(3):234-246.

[52] SCHOLES C A, SIMIONI M, QADER A, et al. Membrane gas-solvent contactor trials of CO_2 absorption from syngas [J]. Chemical engineering journal, 2012, 195/196:188-197.

[53] ZHANG H Y,WANG R,LIANG D T,et al.Theoretical and experimental studies of membrane wetting in the membrane gas-liquid contacting process for CO_2 absorption[J].Journal of membrane science,2008,308(1/2):162-170.

[54] LI J L,CHEN B H.Review of CO_2 absorption using chemical solvents in hollow fiber membrane contactors[J].Separation and purification technology,2005,41(2):109-122.

[55] LV Y,YU X H,TU S T,et al.Wetting of polypropylene hollow fiber membrane contactors[J].Journal of membrane science,2010,362(1/2):444-452.

[56] WANG L,ZHANG Z H,ZHAO B,et al.Effect of long-term operation on the performance of polypropylene and polyvinylidene fluoride membrane contactors for CO_2 absorption[J].Separation and purification technology,2013,116:300-306.

[57] LV Y,YU X H,JIA J J,et al.Fabrication and characterization of superhydrophobic polypropylene hollow fiber membranes for carbon dioxide absorption[J].Applied energy,2012,90(1):167-174.

[58] GRYTA M.Influence of polypropylene membrane surface porosity on the performance of membrane distillation process[J].Journal of membrane science,2007,287(1):67-78.

[59] ZHANG Y,WANG R.Gas-liquid membrane contactors for acid gas removal:recent advances and future challenges[J].Current opinion in chemical engineering,2013,2(2):255-262.

[60] KANG C H,LIN Y F,HUANG Y S,et al.Synthesis of ZIF-7/chitosan mixed-matrix membranes with improved separation performance of water/ethanol mixtures[J].Journal of membrane science,2013,438:105-111.

[61] CURCIO E,DI PROFIO G,DRIOLI E.Membrane crystallization of macromolecular solutions[J].Desalination,2002,145(1/2/3):173-177.

[62] CURCIO E,SIMONE S,PROFIO G D,et al.Membrane crystallization of lysozyme under forced solution flow[J].Journal of membrane science,2005,257(1/2):134-143.

[63] DRIOLI E,DI PROFIO G,CURCIO E.Progress in membrane crystallization[J].Current opinion in chemical engineering,2012,1(2):178-182.

[64] BRITO MARTÍNEZ M,JULLOK N,RODRÍGUEZ NEGRÍN Z,et al.Membrane crystallization for the recovery of a pharmaceutical compound from waste streams[J].Chemical engineering research and design,2014,92(2):264-272.

[65] LUIS P,VAN AUBEL D,VAN DER BRUGGEN B.Technical viability and exergy analysis of membrane crystallization:closing the loop of CO_2 sequestration[J].International journal of greenhouse gas control,2013,12:450-459.

[66] CURCIO E,JI X S,QUAZI A M,et al.Hybrid nanofiltration-membrane crystallization system for the treatment of sulfate wastes[J].Journal of membrane science,2010,360(1/2):493-498.

[67] 郭静,张雨燕.新型复合相变材料研究新进展[J].材料导报,2013,27(13):67-70.

[68] 铁生年,柳馨,铁健.相变储能材料的腐蚀性与封装材料研究进展[J].材料导报,2015,29(11):138-143.

[69] 彭犇,岳昌盛,邱桂博,等.相变储能材料的最新研究进展与应用[J].材料导报,2018,

32(专辑 31):248-252.

[70] CABEZA L F,CASTELL A,BARRENECHE C,et al.Materials used as PCM in thermal energy storage in buildings:a review[J].Renewable and sustainable energy reviews,2011,15(3):1675-1695.

[71] 潘金亮.相变材料在纺织品中的研究和应用进展[J].河南化工,2012,29(15):29-34.

[72] FARID M M,KHUDHAIR A M,RAZACK S A K,et al.A review on phase change energy storage:materials and applications[J].Energy conversion and management,2004,45(9/10):1597-1615.

[73] 张鸿,王倩倩,相恒学.相变储能纤维制备技术的研究进展[J].合成纤维工业,2011,34(3):39-42.

[74] 沈学忠,张仁元.相变储能材料的研究和应用[J].节能技术,2006,24(5):460-463.

[75] 李爱菊,张仁元,周晓霞.化学储能材料开发与应用[J].广东工业大学学报,2002,19(1):81-84.

[76] BIRCHENALL C E, RIECHMAN A F. Heat storage in eutectic alloys [J]. Metallurgical transactions A,1980,11(8):1415-1420.

[77] 李润丰.铁尾矿多孔陶瓷/石蜡复合相变储能材料的制备与性能研究[D].北京:北京交通大学,2019.

[78] 邓勇.膨胀蛭石基复合相变储能材料的设计与性能[D].北京:中国地质大学(北京),2019.

[79] DEL BARRIO E P,GODIN A,DUQUESNE M,et al.Characterization of different sugar alcohols as phase change materials for thermal energy storage applications [J].Solar energy materials and solar cells,2017,159:560-569.

[80] JIA R,SUN K Y,LI R C,et al.Heat capacities of some sugar alcohols as phase change materials for thermal energy storage applications[J].The journal of chemical thermodynamics,2017,115:233-248.

[81] KAIZAWA A,MARUOKA N,KAWAIA,et al.Thermophysical and heat transfer properties of phase change material candidate for waste heat transportation system [J].Heat and mass transfer,2008,44(7):763-769.

[82] 何玉鑫,华苏东,万建东.石蜡相变材料的研究进展[J].化工新型材料,2014,42(9):22-24.

[83] KENISARIN M M.Thermophysical properties of some organic phase change materials for latent heat storage.A review[J].Solar energy,2014,107:553-575.

[84] FARID M M,KHUDHAIR A M,RAZACK S A K,et al.A review on phase change energy storage:materials and applications[J].Energy conversion and management,2004,45(9/10):1597-1615.

[85] 王大程,谭淑娟,徐国跃,等.硬脂酸/碳纳米管/聚甲基丙烯酸甲酯复合相变胶囊的制备与热性能研究[J].太阳能学报,2019,40(1):24-29.

[86] 黄金,王婷玉.无机芯微胶囊相变储能材料制备、表征及其热物性研究[J].功能材料,2013,44(12):1758-1762.

[87] 王鑫,方建华,吴江,等.相变材料的封装定型技术研究进展[J].化工新型材料,2019,47(9):58-61.

[88] 李佳佳,陆艺超,叶光斗,等.纺丝原液原位合成相变材料微胶囊制备石蜡/PVA储能纤维[J].复合材料学报,2012,29(3):79-84.

[89] 李昭,叶光斗,徐建军,等.聚乙二醇-聚乙烯醇相变储能纤维的制备及其性能[J].合成纤维,2015,44(7):14-18.

[90] 柯惠珍,逄增媛,宗雪,等.负载脂肪酸酯的定形相变复合纤维的制备与性能研究[J].功能材料,2014,45(11):11051-11055.

[91] 丁鹏,黄斯铭,钱佳佳,等.石蜡和石墨复合相变材料的导热性能研究[J].华南师范大学学报(自然科学版),2010(2):59-62,81.

[92] 张正国,邵刚,方晓明.石蜡/膨胀石墨复合相变储热材料的研究[J].太阳能学报,2005,26(5):698-702.

[93] ZHANG J S, ZHANG X, WAN Y Z, et al. Preparation and thermal energy properties of paraffin/halloysite nanotube composite as form-stable phase change material[J].Solar energy,2012,86(5):1142-1148.

[94] PADMANABHAN P V,KRISHNA MURTHY M V.Outward phase change in a cylindrical annulus with axial fins on the inner tube[J].International journal of heat and mass transfer,1986,29(12):1855-1868.

[95] VELRAJ R,SEENIRAJ R V,HAFNER B,et al.Experimental analysis and numerical modelling of inward solidification on a finned vertical tube for a latent heat storage unit [J].Solar energy,1997,60(5):281-290.

[96] TALATI F,MOSAFFA A H,ROSEN M A.Analytical approximation for solidification processes in PCM storage with internal fins: imposed heat flux[J]. Heat and mass transfer,2011,47(4):369-376.

[97] LIU Z L,SUN X,MA C F.Experimental investigations on the characteristics of melting processes of stearic acid in an annulus and its thermal conductivity enhancement by fins[J].Energy conversion and management,2005,46(6):959-969.

[98] 崔勇,刘乐.提高有机相变贮能材料导热性能的研究[J].河北工业大学成人教育学院学报,2003(4):23-25.

[99] SON C H,MOREHOUSE J H.Thermal conductivity enhancement of solid-solid phase-change materials for thermal storage[J].Journal of thermophysics and heat transfer,1991,5(1):122-124.

[100] ZHANG Y P,DING J H,WANG X,et al.Influence of additives on thermal conductivity of shape-stabilized phase change material[J].Solar energy materials and solar cells,2006,90(11):1692-1702.

[101] 胡小冬,高学农,李得伦,等.石蜡/膨胀石墨定形相变材料的性能[J].化工学报,2013,64(10):3831-3837.

[102] ZHANG Z G,FANG X M.Study on paraffin/expanded graphite composite phase change thermal energy storage material[J].Energy conversion and management,

2006,47(3):303-310.

[103] MILLS A,FARID M,SELMAN J R,et al.Thermal conductivity enhancement of phase change materials using a graphite matrix[J].Applied thermal engineering, 2006,26(14/15):1652-1661.

[104] JUN F K,KANOU M,KODAMA Y,et al.Thermal conductivity enhancement of energy storage media using carbon fibers[J].Energy conversion and management, 2000,41(14):1543-1556.

[105] 李敏,吴智深,陈振乾,等.碳纤维对廿二烷相变材料热性能的影响[J].东南大学学报,2010,26(2):346-350.

[106] CHOI S U S,ZHANG Z G,YU W,et al.Anomalous thermal conductivity enhancement in nanotube suspensions[J].Applied physics letters,2001,79(14):2252-2254.

[107] CUI Y B,LIU C H,HU S,et al.The experimental exploration of carbon nanofiber and carbon nanotube additives on thermal behavior of phase change materials[J]. Solar energy materials and solar cells,2011,95(4):1208-1212.

[108] ZHANG G H,ZHAO C Y.Thermal property investigation of aqueous suspensions of microencapsulated phase change material and carbon nanotubes as a novel heat transfer fluid[J].Renewable energy,2013,60:433-438.

[109] PIELICHOWSKA K, PIELICHOWSKI K. Phase change materials for thermal energy storage[J].Progress in materials science,2014,65:67-123.

[110] ZHANG Q,HE Z B,FANG X M,et al.Experimental and numerical investigations on a flexible paraffin/fiber composite phase change material for thermal therapy mask[J].Energy storage materials,2017,6:36-45.

[111] SAFFAR A,CARREAU P J,AJJI A,et al.Development of polypropylene microporous hydrophilic membranes by blending with PP-g-MA and PP-g-AA [J]. Journal of membrane science,2014,462:50-61.

[112] WOOL R P.Morphological mechanics of springy polymers[J].Journal of polymer science:polymer physics edition,1976,14(4):603-618.

[113] SAMUELS R J. High strength elastic polypropylene[J].Journal of polymer science: polymer physics edition,1979,17(4):535-568.

[114] DENG Y,LI J H,QIAN T T,et al.Thermal conductivity enhancement of polyethylene glycol/expanded vermiculite shape-stabilized composite phase change materials with silver nanowire for thermal energy storage[J].Chemical engineering journal,2016,295: 427-435.

[115] LI C,FU L,OUYANG J,et al.Enhanced performance and interfacial investigation of mineral-based composite phase change materials for thermal energy storage[J]. Scientific reports,2013,3:1-8.

[116] DENG Y,LI J H,NIAN H.Polyethylene glycol-enwrapped silicon carbide nanowires network/expanded vermiculite composite phase change materials: Form-stabilization, thermal energy storage behavior and thermal conductivity enhancement[J].Solar energy

materials and solar cells,2018,174:283-291.

[117] TENG T P,CHENG C M,CHENG C P.Performance assessment of heat storage by phase change materials containing MWCNTs and graphite[J].Applied thermal engineering,2013,50(1):637-644.

[118] CHEN L,ZOU R,XIA W,et al.Electro-and photodriven phase change composites based on wax-infiltrated carbon nanotube sponges[J].ACS nano,2012,6(12):10884-10892.

[119] SUN H Y,XU Z,GAO C.Multifunctional,ultra-flyweight,synergistically assembled carbon aerogels[J].Advanced materials,2013,25:2554-2560.

[120] LI B X,LIU T X,HU L Y,et al.Fabrication and properties of microencapsulated Paraffin@ SiO_2 phase change composite for thermal energy storage[J].ACS sustainable chemistry & engineering,2013,1(3):374-380.

[121] XU B W,LI Z J.Paraffin/diatomite/multi-wall carbon nanotubes composite phase change material tailor-made for thermal energy storage cement-based composites [J].Energy,2014,72:371-380.

[122] HORNSBY P R,HINRICHSEN E,TARVERDI K.Preparation and properties of polypropylene composites reinforced with wheat and flax straw fibers:part Ⅰ fiber characterization[J].Journal of materials science,1997,32:443-449.